本书受上海大学上海美术学院高水平建设经费、
国家自然科学基金青年科学基金项目（51908346）资助

U0167708

我国城镇化进程中的
结构性特征研究

郝晋伟　著

中国建筑工业出版社

图书在版编目（CIP）数据

我国城镇化进程中的结构性特征研究 / 郝晋伟著
. —北京：中国建筑工业出版社，2023.5
ISBN 978-7-112-28398-9

Ⅰ.①我… Ⅱ.①郝… Ⅲ.①城镇－城市规划－研究
－中国 Ⅳ.①TU984.2

中国国家版本馆CIP数据核字（2023）第033286号

本书针对我国城镇化的独特模式、结构及演进中的政府、资本及市场、个体及家庭等多元主体的互动作用，建构了"权利—资本—劳动"禀赋结构的研究框架，并就权利结构演变与城镇化发展、城镇化中的资本积累与流动，以及资本积累对城镇化的带动效应等进行了系统的阐释，并提出具体的应对策略。

本书可供广大城乡规划师、城乡规划管理工作者、高等院校城乡规划专业师生等学习参考。

责任编辑：吴宇江　刘颖超
书籍设计：锋尚设计
责任校对：王　烨

我国城镇化进程中的结构性特征研究
郝晋伟　著

*

中国建筑工业出版社出版、发行（北京海淀三里河路9号）
各地新华书店、建筑书店经销
北京锋尚制版有限公司制版
临西县阅读时光印刷有限公司印刷

*

开本：787毫米×1092毫米　1/16　印张：12　字数：194千字
2023年8月第一版　　2023年8月第一次印刷
定价：**88.00**元
ISBN 978-7-112-28398-9
（40840）

序 言

　　城镇化是人类经济社会发展伴生的重要趋势之一，具有客观规律性。同时，健康城镇化也是社会进步和国家现代化的重要标志。在经历较长时间的快速增长后，我国经济发展进入了新常态，城镇化增速也趋于放缓，之前被快速增长和泡沫所掩盖的各类结构性矛盾不断显露，诸如城镇土地供应超量、转移人口市民化进程较慢、公共服务的数量和质量均难以满足公众需要。此外，还有地方政府和企业高负债、产业发展高消耗、国土空间高污染等问题。为应对这些在发展中所产生的问题，中央提出了生态文明和高质量发展的总方针。在城镇建设领域，中央政府还制定了新型城镇化发展战略。2016年2月，习近平总书记对深入推进新型城镇化建设做了重要指示，就新型城镇化的发展理念、工作核心、重点任务等提出了明确要求。党的十八大以来，新型城镇化也是学界和业界关注的热点之一，并开展了诸多研究和实践工作，也积累了相当丰富的成果。但在城镇化与经济增长的关系、城镇化在经济社会发展全局中的角色等重大问题上仍存在着分歧观点，诸如城镇化是否应作为拉动内需和促进经济增长的工具，推进城镇化发展是否能够帮助我国顺利跨越"中等收入陷阱"等。回答这些问题需要探究其背后的本原性问题，这关系到理论认知的进步；而科学发展观的树立，则是推进新型城镇化高质量发展的前提。

　　关于城镇化研究的专著已经很多了，其中不乏地域性研究和整体性研究，尤其在实证分析和城镇化路径探讨等方面的研究成果和理论阐述颇丰。而对城镇化进程中的结构性特征的关注尚偏少；开展这方面的研究、充实相关的认知，应有助于系统把握我国新时代城镇化发展的问题、特征、政策及趋势。

　　本书作者结合近年来我国城镇化发展的动态以及新近出台的一系列政策，

较为系统性地从动力、空间、质量三方面对我国城镇化进程中的结构性特征作了识别与解释，并就城镇化的转型发展提出了见解，特别是深入辨析了城镇化与经济增长、城镇化与跨越"中等收入陷阱"等的关系，回应了城镇化发展中的一些认知困惑。在一定意义上，本书的出版正逢其时。

作者在攻读博士学位期间，其所在的学科团队专注于城市与区域发展和规划理论，对城镇化中的结构性问题的探讨始于2010年以后，曾开展了诸多实证研究和理论性阐释工作，并发表过若干有新意的论文。在经历了加入WTO后的超常速度经济增长以后，当时的经济社会及生态环境也出现了各种各样的问题，并触发了对我国落入"中等收入陷阱"的担忧。为了改变过于依赖国际市场和增强内需，城镇化及农村转移人口"市民化"曾被看作是拉动消费和推动经济增长的工具，并希冀有助于我国跨越"中等收入陷阱"。这一观点曾非常流行，并一直延续到现在。针对此问题，我们曾就城镇化发展中出现的种种失衡现象，对刘易斯拐点的中国解读、对人口流动的微观机制解释以及对城镇化与经济增长的关系等议题展开了深入研究，并取得了诸多成果，本书即是主要成果之一。

随着研究工作的不断推进，本书作者逐步感受到结构性视角及认知对推进城镇化的健康发展具有重要意义，但也深感研究工作的难度。在本书中，作者针对我国城镇化的独特模式、结构及演进中的政府、资本及市场、个体及家庭等多元主体互动的作用，尝试建构了"权利—资本—劳动"禀赋结构的研究框架。在此研究框架下就权利结构演变与城镇化发展、城镇化中的资本积累与流动，以及资本积累对城镇化的带动效应等逐一进行阐释，并提出了若干政策建议。书中的阐述具有相当的思辨特征和抽象性，所体现的研究成果具有理论价值，并有一定的现实指导意义。

需要指出的是，对城镇化现象和演进的结构性视角研究是一项综合性、政策性及复杂度均较高的研究课题，而且还伴随相关法律、政策以及资本、劳动力等要素的动态变化而具有较强的时效性。开展此项研究既要关注时下，又要有历史维度的审视。限于研究力量与时间精力等，本书对结构性特征的关注主要在全国总体层面，给出的分析解释也更多地希望能增进一般性与规律性认知。

学术追求没有止境，年轻一代学者更当砥砺前行、不负韶华。希望作者及同事们能继续开展相关的研究工作，不断取得新的理论成果，为我国新时代的城镇化研究和高质量发展作出自己的贡献。

赵　民

2022年5月于上海和平花苑

目 录

第3章

研究框架的建构：
权利、资本、劳动

第4章

权利结构演变与城镇化发展

第5章

城镇化发展中的资本积累与流动

第6章

资本、地理与城镇化：
资本积累的城镇化效应实证

第7章

城镇化进程中结构性特征的综合解释

第8章

城镇化政策演变与
"新型城镇化"政策转型

第 **1** 章

导论：城镇化发展与结构性特征

我国城镇化发展已进入深水区，高增长时代掩藏的各类结构性问题逐渐显现，并成为制约新型城镇化迈向新发展阶段的短板。因而，推进新型城镇化，不仅需要对其内涵及整体性特征进行识别，更重要的是还要对城镇化进程中的各类结构性问题与特征进行审视与解析，这对提高我国城镇化发展质量有着重要意义。本章在对城镇化发展与结构性特征关系进行阐述的基础上，界定了城镇化的市场属性与社会属性内涵，并对城镇化进程中结构性特征的既有研究进行了梳理。

1.1 问题的提出

1.1.1 推进"新型城镇化"战略亟须研究城镇化进程中的结构性特征

1990年后尤其是2000年后，我国经济社会发生了史无前例的深刻变化，传统小农社会向现代化国家转型的步伐加速，而城镇化的快速发展则是其最直观的反映——城镇化率在30年间从1990年的26%上升至2020年的64%；欧美发达国家完成这一过程普遍用时几十甚至上百年，后发的日韩也用了20～30年时间（图1-1）。然而，快速增长虽然压缩了城镇化的时间，但也隐藏了一系列的经

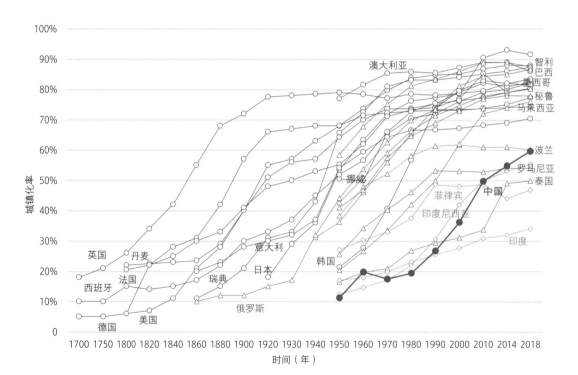

图1-1 外国和中国1700—2018年城镇化率变化

数据来源：Hohenberg et al.（1995）；United Nations（2014，2018）；李浩（2013）；《中国统计年鉴》

注：在参考李浩（2013）一文分析视角的基础上参考相关资料绘制：红色曲线为高收入国，蓝色曲线为上中等收入国，绿色曲线为下中等收入国。

济、社会、资源环境等问题（张京祥 等，2010）。在这种背景下，中央、地方和社会各界陆续提出城镇化发展的新理念和新思路，从2000年最早提出"适合我国国情的城镇化道路"，到党的十六大提出"中国特色城镇化道路"，再从党的十八大和当年中央经济工作会议提出"新型城镇化"战略，到正式颁布《国家新型城镇化规划（2014—2020年）》及相关政策，城镇化在我国经济社会发展中的重要性可谓日益凸显，并逐步形成了以新型城镇化为指引的战略纲领与政策体系，同时对其内涵、模式、路径、策略的相关探讨与研究也快速增加。

在城镇化发展日益深化和复杂化的当下，推进新型城镇化不仅需要对其内涵及整体性特征进行识别，还需要对城镇化进程中的各类结构性特征进行审视与解析，这对于认识我国城镇化发展业已出现的各类结构性问题与隐忧，进而探究提高城镇化发展质量的对策有着重要意义。总的来看，我国城镇化进程中的结构性特征主要体现在动力、空间、质量三个方面。

（1）动力方面。经济增长对城镇化的带动作用出现多方向的分化和结构性变化，政府、资本及市场、劳动力个体及家庭等各类主体在城镇化发展中的角色逐渐出现结构上的变化，尤其是个体及家庭在城镇化中的作用日益凸显（Fan et al.，2019；王兴平，2016；赵民 等，2013a）。但官方及社会舆论却一度将城镇化视为拉动内需和促进经济增长的工具，如《国家新型城镇化规划（2014—2020年）》提出"城镇化是保持经济持续健康发展的强大引擎"，这与现实情景有一定偏差。有鉴于此，需要对城镇化动力出现的结构性特征变动进行识别与解析，以此理顺各类主体在城镇化发展中的角色和地位，进而从动力层面保障城镇化及经济社会的健康可持续发展。

（2）空间方面。在国内外经济发展环境快速变化的"新常态"背景下，我国改革开放后，尤其是2000年后加速形成的外向型经济格局正在发生变化。过去以东部地区为重点、以区域间大量人口流动为特征的城镇化模式也正悄然变动，而目前日益深化的国内国际双循环格局则进一步加速了这种变动。因而，有必要系统性地梳理并解释城镇化在空间层面的结构性特征。

（3）质量方面。城镇化增长热潮过后，过去所积累和被掩盖的各类经济、社会、人口、环境、资源等问题纷纷显露，并突出表现为"透支"特征（郝晋伟 等，2013；郝晋伟，2014），诸如非农化率偏低、半城市化、人口城镇化与土地城镇化失调、空间效率偏低等问题，这些在新型城镇化政策语境下都亟待改变。

　　既有文献对我国城镇化进程中动力、空间、质量三方面的结构性特征做了若干研究，但总体看还较为分散，较少有在一个统一框架下的探讨，因而有必要立足于我国城镇化的发展模式，对城镇化进程中的结构性特征作系统性的识别与解析，基于恰当的研究框架做出更符合城镇化现实情景的解释性研究，并试图提出更具针对性的政策建议。

1.1.2　各类结构性特征源于我国的复合型城镇化发展模式

　　城镇化中的结构性特征及其变动根植于我国城镇化的发展模式与路径之中。纵观世界上主要国家和地区的城镇化发展历程，西北欧、北美、日韩等地区的城镇化发展早已进入较为稳定的状态，对我国的未来趋势有一定的借鉴意义。其中，西北欧和北美的城镇化基本是在市场化的自由经济背景下完成的，城镇化伴随经济增长发生、成长和演变，可视为一种"市场化推进"的发展模式；日韩等东亚国家和地区的城镇化发展，政府在其中发挥了重要作用，并体现在对公共设施、农村发展等市场失灵领域的引导和弥补上，可视为一种"政府引导和弥补+市场化推进"的发展模式。除这两类较为成功的城镇化模式外，还有国家和地区提供了相对反面的案例，如拉美国家在城镇化过程中长期以资源型产业为主导，出现了产业升级困难、社会分化、公共服务和社会治理滞后、失业突出等问题，并表现为城镇化率畸高的过度城镇化现象，由此形成了一种"市场化盲动"的发展模式。与别国相比，我国城镇化进程的最显著特征仍是东亚国家所共有的政府干预色彩。而且，在财政分权、户籍管理、产业发展、空间开发等政策的影响下，我国的城镇化发展模式更为复杂和多元，政府、资本及市场、劳动力个体及家庭等均在其中扮演了重要角色。可以说，"市场化推进""政府引导和弥补"，甚至"政府包办与管控""政府竞合"等模式和路径均在我国城镇化发展的不同历史阶段中出现过，而且还在区域间、地方间、城乡间存有差异，从而交织形成复合型的城镇化发展模式。这种复合模式客观上顺应了我国区域差异大、主体复杂多元、政策与市场共同驱动等城镇化发展的基本特征。然而正是这种复合型的发展模式，使得各类主体间的利益关系、政策与市场关系等较易出现结构性的锁定，并继而形成动力、空间、质量等方面的各类结构性特征与问题。

因此，要对我国城镇化进程中的结构性特征做出更深刻的审视与解析，不仅需要观察城镇化中各类要素的流动状况和相互关系，还须进一步挖掘政府、资本及市场、劳动力个体及家庭等多元主体在城镇化发展及结构性特征形成、变动过程中的角色及内在机理。

1.1.3　既有理论框架对我国城镇化中的结构性特征解释力有所不足

要对我国城镇化进程中的结构性特征及其形成机制做出符合现实的解释，需要基于恰当的理论框架。从研究视角来看，既有的城镇化理论框架可归纳为"要素"视角和"主体"视角两类。第一类是从"要素"视角切入，将城镇化过程抽象为劳动力、资本等要素的流动过程及其空间反映，并重点将劳动力要素的流动放置在新古典主义框架中进行解释（Chang et al.，2006；Ge et al.，2011；Zhang et al.，2003；陆铭 等，2004），即劳动力的流动基本遵循"经济人"的逻辑。在此基础上，还有文献认为我国城镇化进程中存在流动人口的"不对称转移"现象，而其成因正是劳动力基于"经济家庭"理性所做出的家庭劳动力最佳空间配置（赵民 等，2013a）。第二类则是从"主体"视角切入，关注多主体间的互动、博弈对城镇化进程的影响，尤其是政府在其中的作用。相关文献大多认为政府在我国城镇化进程中起到了积极的调控与引导作用（Hamnett，2020；Wu，2018；崔功豪 等，1999；宁越敏，1998；王伟 等，2007），但也有文献认为政府行为对城镇化发展带来了负面效应（Au et al.，2006；Chang et al.，2006；Zhang et al.，2003）。

从现实情景来看，我国城镇化发展中的政府参与和制度色彩较浓，但在改革开放后又表现出既有的制度性约束日渐减弱和越来越强的市场化特征，各类要素在空间中的流动机理也越来越符合"要素"视角下的新古典主义理论框架。与此同时，参与城镇化的各类市场性主体，以及无数个体与家庭也获得了越来越多的社会和空间流动权利，并普遍存在政府、资本及市场、劳动力个体及家庭等不同主体间的互动与博弈，因而又表现出较强的"主体"特征。可以说，单一的"要素"视角或"主体"视角均较难对我国城镇化的发展及其中的结构性特征做出合理解释，所以有必要对这两种视角的理论框架进行梳理与融合，并在此基础上提出本研究的框架。

综上所述，本研究旨在回答以下问题：

（1）我国城镇化进程中的结构性特征主要有哪些？

（2）城镇化进程中的这些结构性特征的形成机制是什么？如何基于一个更符合我国城镇化发展情景的研究框架进行解释，从而获得更具理论深度的认识？

（3）在经济社会和城镇化发展已经出现多方面结构性转型的背景下，未来城镇化发展有什么趋势，如何从应对结构性特征的视角来促进新型城镇化的政策转型？

总结来看，本研究在理论方面似有如下几点贡献：

（1）在融合"要素"与"主体"视角既有框架的基础上，建构了基于"权利—资本—劳动"禀赋结构的研究框架。这一框架既能对短时段内劳动力、资本等城镇化中关键要素的流动特征做出解释，也能回应长时段内各类主体间的互动、博弈行为以及权利结构变动对城镇化的影响，从而能够较完整地对结构性特征的形成机制做出解释，并对城镇化研究的既有理论框架进行补充。

（2）在研究框架的基础上，就权利结构变动、资本积累和流动等对城镇化的影响做了实证分析与解释，以此对研究框架做了进一步的深化，并丰富了相关理论研究。

另外，也有一定的实践意义。

（1）能针对性地为补齐城镇化发展短板，促进新型城镇化高质量发展提供政策参考。

（2）甄别了我国城镇化进程中权利结构、资本积累与流动对城镇化的影响特征及机制，这可为新型城镇化政策的细化、优化提供参考。

（3）回应了社会和学界对城镇化与经济增长的关系以及城镇化角色的探讨，这为城镇化发展回归其本质内涵并实现更高质量的推进提供了参考依据。

1.2 城镇化的内涵

城镇化较城市化概念更为强调小城镇在吸纳农村转移劳动力中的作用，是多个学科的传统研究命题，但各学科对其理解的侧重点有所不同。地理学侧重于农村人口向城镇人口的转变和乡村景观向城镇景观的转变，经济学侧重于城镇化与经济增长的关系以及对经济增长的促进，社会学则侧重于该过程中的社会关系和生活方式变化。目前，城乡规划学领域对城镇化的研究主要集中在人口和空间的城镇化方面，并逐步向综合性视角拓展。本研究延续了城乡规划学领域的人口和空间城镇化研究传统，在将城镇化视为"农业人口向城镇地区流动并逐步定居、空间景观从农业状态向非农状态转变"过程的基础上，进一步拓展城镇化在经济、社会等领域的内涵，包括资本及市场、劳动力个体及家庭等主体在权利结构中的地位变动、互动博弈及其在空间上的映射等，以此呼应城镇化概念逐步拓展并已被提升为一项国家综合发展战略的现实情景。具体来说，一方面，城镇化中资本、劳动力个体及家庭的空间流动体现为遵循市场性规则的劳动力和资本要素流动，即市场属性；另一方面，城镇化中多元权利主体间的互动、博弈及其空间生产等又体现了城镇化的社会属性（图1-2）。

图1-2 城镇化的市场属性与社会属性内涵

1.3 城镇化进程中的结构性特征及既有研究

"结构性特征"在经济学和社会学研究中较为常见且日渐受到重视，尤其是在我国经济社会均处于历史性转型的现阶段，对其的关注就更多。"结构性特征"是指：

（1）经济社会运行中的某要素在行业、阶层、空间等方面的比例关系，如某地区的产业结构、劳动力的年龄结构、行业结构、社会阶层结构等。

（2）影响经济社会运行的不同要素在规模、强弱上的构成特征及匹配性，如发展经济学认为资本、劳动、技术进步、制度进步等均是经济增长的基础要素，这些要素的构成关系即结构性特征，会直接影响到经济增长的规模、速度与质量。

（3）经济社会发展带来各类影响的结构性特征，如城乡居民收入比例、不同区域经济增长所占比重等。

目前，已有诸多文献就经济社会发展领域的结构性特征开展了相关研究：一是在单要素方面，如盛仕斌（1998）对我国失业现象在分行业上的结构性特征及成因做了研究；二是在多要素构成及造成的影响方面，如杜玉华（2012）从启动机制、动力主体、转型内容与过程、影响范围、空间格局等方面研究了我国当代社会结构的转型特征。而中国经济增长前沿课题组（2013）从人口、生产率、收入分配、城市化水平、资本效率、全要素生产率6个方面研究了我国经济增长的结构性特征及转型面临的风险。总之，揭示经济社会发展中的结构性特征，可以发现整体性特征背后所掩藏的深层次问题，并促进经济社会的高质量发展。

根据城镇化的内涵以及经济学、社会学相关文献对结构性特征的解读，本研究从动力、空间、质量三方面系统地认识并解析我国城镇化进程中的结构性特征（图1-3）。

（1）城镇化动力的结构性特征：一方面指城镇化动力主体及其带动效应的结构性变化，如政府、资本及市场、劳动力个体及家庭等主体，以及资本积累与经济增长、社会发展等对城镇化的带动效应变化；另一方面则是就业结构变动及其对城镇化发展影响作用的变化。

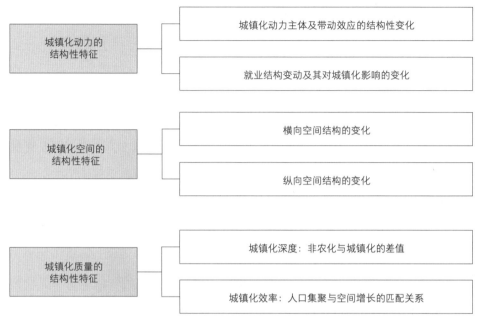

图1-3　城镇化进程中结构性特征的内涵

（2）城镇化空间的结构性特征：主要指在各种内外因素的影响下，城镇化发展在横向空间和纵向空间结构上的变化，集中表现为劳动力个体及家庭在集聚空间、集聚层级等方面的结构性变动。

（3）城镇化质量的结构性特征：一方面指城镇化深度上的质量，可用非农化与城镇化之间的差值来表示；另一方面指城镇化效率上的质量，可用城镇人口集聚与空间增长间的匹配关系来表示。

下面分别从三方面对既有研究进行评述。

1.3.1　对城镇化动力结构性特征的研究

既有文献主要从动力类型及强弱变化、劳动力供给状况、劳动力流动意愿三方面对城镇化动力的结构性特征做了探讨。

（1）在动力类型及强弱变化上，主要涉及经济增长、就业、资本与投资、技术进步、公共服务、政策引导等动力因素。总的来看，城镇化的动力因素逐步多元化，一方面从过去工业部门驱动向整个非农产业驱动演进（樊杰 等，2019）；另一方面则从过去生产率与土地供给双轮驱动向生产率、土地供给与公共服务支出多元协同驱动演进（段巍 等，2020）。城镇化动力模式的这种转变说明资本的产出弹性正在相对下降，因而依赖投资驱动的发展模式对人口、就业的吸纳能力及对城镇化的边际带动作用也随之降低（罗奎 等，2017；张立，2009）。此外，地方政府的政策引导对流动人口的流动模式及城镇化发展也有很大的影响，如Qiang和Hu（2022）发现，在2000—2015年间，北京市内农民工的流动主要在资本驱动下进行，市场力量推动的城市扩张和郊区发展是其主因，而2015年后的人口流动则开始更多地被地方政府实施的人口控制政策所影响。

（2）在劳动力供给状况上，我国在城镇化发展水平仍然不够高的情况下就出现了用工荒现象，提前迎来了"刘易斯拐点"。就此现象，陈晨（2011）从中国特色的二元关系转折点视角出发做了解释，认为这种拐点的提前到来可归因于劳动力供需状况的结构性失衡。赵民和陈晨（2013a）、朱金和赵民（2014）进一步针对这一结构性特征，揭示了我国城镇化中存在的流动人口群体"不对称转移"现象，即青壮年劳动力转移较多，而其他年龄段人口转移较少。他们还运用"经济家庭"假说对这种不对称转移特征做了解释，即在一个家庭内部，青壮年劳动力的转移较容易且获利较大，而其他类型人口的转移则需要付出较高的成本。"不对称转移"实际上是"经济家庭"在综合考虑成本和收益后对家庭劳动力的最佳市场化配置；朱金（2014）还以上海郊区为实证，探讨了"经济家庭"视角下进城农民的就业选择和资产配置模式。因而，在流动人口基于"经济家庭"考虑和现行城乡制度的背景下，我国城镇化中易于转移的人口多已转移完毕，"中国特色的刘易斯拐点"或已到来。若要继续提升城镇化质量和水平，则需对目前的城乡二元土地制度等进行进一步的深入改革。

（3）在劳动力流动意愿上，劳动力个体及家庭愿不愿意进城、愿不愿意永久性地居留在城市，这决定了城镇化的动力强弱。从既有研究成果来看，存在着一定差异。一些研究发现，流动人口将户籍迁入流入地的现象越来越多，有着较强的落户和长期留居在城市（尤其是一线城市）的意愿（刘涛 等，2015）。相应的，他们的回流意愿相对偏低（古恒宇 等，2019）。而在影响留居意愿的因素方面，则主要包括自身特征、收入和住房支出等经济社会因素，以及家庭构成因素等（古恒宇 等，2020）。但同时也有一些研究发现，由于城市中各类制度造成的定居障碍，流动人口所承担的家庭角色、家庭义务，以及对家乡美好发展前景的向往等都提高了他们的回流意愿（Xu et al.，2017；张世勇，2014），多数人倾向于暂时定居在流入地，并在流入地与家乡之间保持一定的流动性，而选择永久定居在流入地的仍为少数（Lin et al.，2022；朱宇等，2011）。况且，回流移民能够通过带回创业精神、人力资本、金融、文化和技术资本等，促进家乡的城乡经济社会转型和就地城镇化发展（Zhu et al.，2021），而这也会进一步促进流动人口回流意愿的提升。此外，劳动力的流动还越来越倾向于举家迁移模式，如Fan和Li（2019）通过分析2011年和2015年全国流动人口调查数据，发现以核心家庭为单位的迁移逐渐增加，并正在取代之前以年龄较大的独自移民和夫妻移民为主的模式，这些都会影响到城镇化的发展动力变化。

1.3.2 对城镇化空间结构性特征的研究

我国的国内人口迁移正在逐步趋于多样化，由城镇化初期的跨区域流动状态向分层城镇化和分区城镇化，以及近域化状态过渡（王凯 等，2020；郑德高 等，2013）。而且，这种流动不仅包括城乡间、内陆与沿海间的循环式迁徙，也包括在城市永久定居、城市间迁移、城市内迁移，以及回迁等各类迭代和高度多元化的形式（Tan et al.，2021）。既有文献主要从区域间、不同层级城镇间的流动人口格局及其变化做了研究，即横向集聚格局和纵向集聚格局。

（1）流动人口的横向集聚格局。虽然东部地区仍然是我国流动人口的主要集聚区域，但在2010年后，部分人口流入区的流入速度和流入量均趋于下降，同时，部分人口流出区的人口流出速度和流出量也相应地出现减缓，其主要原因在于省内流动比例的上升，以及以跨省流动为主的异地城镇化模式向本地化和在地化模式的逐步转变（陈晨，2015；曾国军 等，2021），这种现象同样在很大程度上源自我国农村家庭的"经济家庭"行动策略。区域性人口流动在主要流入地和流出地之间形成了一种不同于西方新古典主义的一般均衡，其结构和制度在其中起了很大作用（陈晨 等，2016）。此外，近年来新出现的特征是，我国流动人口的城镇化出现了南北方的分异：在南方省份，人口的跨省流动和向省内中心城市的迁移规模均较大；而在北方省份，人口的跨省流动和向省内中心城市的迁移规模均相对较小（钮心毅 等，2021）。

（2）流动人口的纵向集聚格局。部分研究发现，流动人口在2000—2010年间主要向300万人口以上大城市和基层县镇集聚，呈"首末两端"特征（李晓江 等，2014）；但也有研究发现，我国的城市规模分布在2001年后一改2000年前长期的分散化趋势，正走向集中化（孙斌栋 等，2019），而且向直辖市、省会城市、副省级城市的集聚更快（武前波 等，2020）。同时，流动人口是加速流向大城市和基层县镇两端，还是仅仅加速流向大城市，这具有区域间的差异性。有学者认为，人口流入区的流动人口主要向大城市集聚，体现为"强市弱镇"特征；而人口流出区的流动人口主要向基层县镇集聚，体现为"强镇弱市"特征（陈晨 等，2016），且中部以向大城市和基层县镇两端集聚为主，西部以向县集聚为主，东北各层级变化不大（姚凯 等，2019）。另外，也有学者认为，省际的人口流动呈现"聚中有散"特征，前1%城市吸纳的省际流动人口比重正在下降，说明大城市的主导性有所弱化；而省内跨县流动则持续向前1%城市集聚，大城市的虹吸效应还在增强（王新贤 等，2019）。

综上所述，流动人口的纵向集聚格局在2010年后出现了新的变化，但既有文献的研究结果间存在分歧。这种分歧一是体现在跨省迁移方面，部分研究发现流动人口正跨省向顶层一二线城市加速集聚，而另一部分研究则发现流动人口跨省向顶层城市集聚的速度趋于减缓；二是体现在省内迁移方面，部分研究发现流动人口以向省内大城市和基层县镇两端集聚为主，而另一部分研究则认为流动人口更多地以向大城市集聚为主，而且这其中还有对不同区域间差异性特征的不同认知。然而，既有研究主要关注了2000—2010年间的情景，流动人口集聚空间的最新情景如何，还有待于进一步的探究。

1.3.3 对城镇化质量结构性特征的研究

既有文献主要从城镇化的总体过程、部门结构失衡、半城市化、人与空间的关系失衡、空间效率、城镇化质量测度等视角开展研究。

（1）在总体过程方面。张京祥和陈浩（2010）认为，我国城镇化在快速发展过程中压缩性地完成了工业化、现代化、全球化、信息化等过程，表现出结构性压缩的特征，造成这种情景的主要原因在于我国的赶超发展模式，社会、制度与文化现代化的滞后，越来越激烈的全球竞争环境，以及日益压缩的市场空间与能源资源空间等。李郇（2012）从生产与福利视角对我国城镇化的进程做了解析，认为在经历了中华人民共和国成立初期的高积累、低福利模式与改革开放后的高增长、福利两极分化模式后，我国城镇化发展出现了高成本、均福利的转向，其中的生产与福利即为两个相对的结构性部门。城市化的高成本主要在于城市化人口红利消失、土地红利减少、土地财政来源萎缩等原因，而均福利则主要是因为城市化更加注重人的城市化，外来人口与本地户籍人口间社会福利的差距越来越小。

（2）在部门结构失衡方面。李晓江等（2014）认为我国城镇化发展存在投资与需求失衡、不同规模城镇间资源分配失衡、区域与城乡发展不平衡等结构性问题；武廷海（2013）基于新马克思主义框架，认为资本积累引发的生产过剩与需求不足间的结构性矛盾以及城乡发展的不平等，是造成我国城镇化进程中多重危机的根源；郝晋伟和赵民（2013）、郝晋伟（2014）也认为我国的城镇化发展存在结构性的失衡与透支，并集中体现在对生活质量、发展动力、调整契机的透支上，而其根源在于长期奉行的"增长主义"理念。

（3）在半城市化方面。我国城镇化中的半城市化问题体现为半城市化地区的经济发展活跃、流动人口多、建设用地增长快但空间利用效率低等现象（Tian et al.，2017；田莉 等，2014），而且还存在加速累积的趋势（杜书云等，2015），这些均可归结为结构性特征。文献对半城市化的解释则主要从政府力、市场力、社会力等方面进行。政府力是其中很重要的一方面，如对土地财政的依赖和强烈的空间扩张诉求、城乡二元体制下空间管制缺失和管治体系的破碎化、土地产权的模糊性等均是半城市化形成的重要诱因（田莉，2014；田莉 等，2011）。半城市化还体现在户籍人口城镇化率与常住人口城镇化率间的差值上。而且，这种差值在宏观尺度上呈现显著的极化格局。高值区主要分布在东部三大城市群、内陆省会城市及周边、北部沿边等地区，而户籍城镇化率的高值区相对常住城镇化率的高值区还呈现显著收缩的特征（戚伟 等，2017）。这进一步说明户籍城镇化率还远远不足，城镇化发展质量还有待提升。

（4）在人与空间的关系失衡方面。我国土地城镇化发展较快，与人口城镇化之间存在失调，尤其表现在东部地区，以及主要城市群外围（胡燕燕 等，2016；吴一凡 等，2018），但这种失调性已趋于下降（尹宏玲 等，2013）。既有研究还发现，人与空间关系的这种失衡受到了经济发展水平、城市性质、人口规模、政府决策、地理区位和地区内部差距、财政分权体制等因素的综合影响（吴一凡 等，2018；熊柴 等，2012）。

（5）在空间效率方面。于斌斌（2022）发现城市行政级别和市场分割程度是阻碍中国城镇化效率提升的两大制度壁垒，是它们使得我国城镇化发展陷入"高级别—高分割—低效率"的发展困境。其中，"高级别—低效率"的原因在于，高级别城市倾向于利用行政优势以牺牲生态城镇化来过度追求人口城镇化、经济城镇化和土地城镇化；而"高分割—低效率"则源于户籍制度、地方保护及环境治理方式上的差异，以及区域间的制度或政策壁垒。

（6）在城镇化质量测度方面。诸多文献均建立了城镇化质量测度与评价体系，除经济、社会、基础设施、环境治理、城乡统筹等较为传统的指标外（曹飞，2014；王建康 等，2016；夏南凯 等，2014），还关注了就业收入、日常消费、生活改善类消费等更为人本主义的指标（薛德升 等，2016）。

综上所述，目前对城镇化进程中三方面结构性特征的解析，既涉及各方面的整体结构性特征，如动力类型及强弱变化、横向与纵向空间结构、发展质量测度等，也关注了其中某些方面的关键过程、构成要素、所处状态、内在意愿、相互关系等，而且还从与城镇化相关的发展模式、户籍制度、土地制度、空间管制制度、财税制度、地方竞争与地方保护、社会因素等方面做了解释。目前对三方面结构性特征的研究已经较为丰富，然而仍有必要在统一的框架下进行更为系统性的梳理与归纳，并建构起符合我国城镇化发展情景及其结构性特征的研究框架，以及对其进行解释。

1.4 本书的研究内容

本书共包括8个章节的内容（图1-4）。

第1章是导论，对研究问题做了介绍，并对城镇化的内涵、结构性特征的内涵及既有研究做了阐述。

第2章系统性地识别了我国城镇化进程中的结构性特征。首先是从总量和空间格局两方面对我国城镇化发展的总体特征做了回溯性概览，然后再分别从动力、空间、质量三方面对结构性特征进行分析。

图1-4 本书的内容构成

第3章建构了研究框架。从"要素"和"主体"两个视角对既有城镇化理论框架做了梳理，并在此基础上提出"权利—资本—劳动"禀赋结构的研究框架。

从第4章到第7章，基于"权利—资本—劳动"禀赋结构研究框架，分别从权利、资本、劳动及彼此间关系的视角对城镇化进程中的结构性特征进行解析。其中，第4章阐释了权利结构演变与城镇化发展的关系。在对我国权利结构演变进行多视角回顾的基础上，就权利结构变化对城镇化发展的影响做了阐释。第5章探讨了我国城镇化发展中的资本积累和流动特征，包括资本积累的时空演变和分类时空演变、资本流动与资本回报率的时空演变等内容。第6章基于两个定量模型，对资本积累的城镇化总体效应和分类型效应作了实证研究，并探讨了人口自然增长、资本积累、地理因素等对城镇化发展的影响作用。第7章则在前三章基础上，从"权利—资本—劳动"禀赋结构的研究框架出发，对我国城镇化进程中的结构性特征作了综合解释。

第8章是对现有城镇化政策演变历程的梳理以及对"新型城镇化"政策转型方向的探讨。首先对我国城镇化政策的阶段性变化，及其对结构性特征的应对策略进行回溯性分析；然后从城镇化新动力、央地联动模式、空间格局优化、城镇化与经济增长关系等方面，提出新型城镇化政策的转型方向。

最后为全书简要结语。

第 **2** 章

城镇化进程中的结构性特征：
动力、空间、质量

　　本章对我国城镇化进程中的结构性特征做了较为系统的梳理与分析。首先从总量和空间格局两方面回顾了我国城镇化发展的总体特征及历史演变，然后分别从动力、空间、质量三方面解析我国城镇化经过数十年发展，尤其是2000年后逐步形成的各类结构性特征及问题。

2.1　城镇化发展的总体特征

2.1.1　总量特征

　　城镇化是关系经济社会转型和空间转变的综合过程，难以有非常准确的指标对其加以系统表征，而城镇化率则是一项最常用、最简明的表征指标。从城镇化率发展的历史变化来看，我国1949年后的发展可分为5个阶段（图2-1、表2-1）：

　　（1）第一阶段（1949—1960年）：慢速增长和波动期。城镇化率年均增长量多数在0.5~1.0个百分点之间，每年城镇人口增量大多在1000万以下。

　　（2）第二阶段（1961—1978年）：基本停滞期。城镇化率年均增长多数在0.5个百分点以下，且有11个年份出现了负增长或零增长。

　　（3）第三阶段（1979—1995年）：慢速增长期。城镇化率年均增长量多数在0.2~1.0个百分点之间，由于总量也较大，每年的城镇人口增量大多在1000万左右，最高为1984年达1743万。

　　（4）第四阶段（1996—2011年）：快速增长期。城镇化率年均增长均在1.0~2.0个百分点之间，由于总量的进一步扩张，除3个年份外，每年城镇人口增量均在2000万以上，并在2011年时达到峰值2949万。

　　（5）第五阶段（2012年以来）：调整期。城镇化率年均增长多数在1.5个百分点以下，每年的城镇人口增量也逐步下降至2000万以下，2020年出现了自2009年以来的城镇人口增量最低值（1794万）。

　　再对相应阶段的非农化发展进行分析，可以发现城镇化率与非农化率的差值在第三阶段后开始拉大[①]，且这种差值持续扩大，2014年二者差值已达19.2个百分点（2014年城镇化率为55.8%，非农化率为36.6%）。总的来看，城镇化发展在2011年后进入了调整期，理应为消化非农化与城镇化间的差值提供了机会

---

① 由于第一和第二阶段统计口径不一致，因而会存在部分年份非农化率高于城镇化率的情况。

窗口，但2011—2014年四年间的非农化率仅提高了1.7个百分点，仍然大幅滞后于城镇化率的提高（城镇化率在这四年提高了4.0个百分点）。

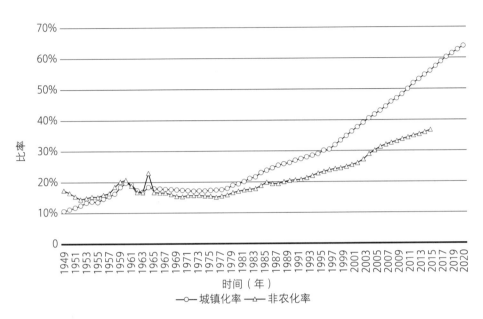

图2-1 全国城镇化率和非农化率的变化（1949—2020年）

数据来源：《中国统计年鉴》《中国人口统计年鉴》《中国人口和就业统计年鉴》

全国城镇化和非农化发展的基本数据（1949—2020年）　　　　表2-1

时间（年）	常住城镇化率	常住城镇化率增幅	常住城镇人口增量（万人）	非农化率	非农化率增幅	非农人口增量（万人）	常住城镇化率与非农化率差值	常住城镇人口增量与非农人口增量差值（万人）
1949	10.6%	—	—	17.4%	—	—	-6.8%	—
1950	11.2%	0.6%	404	16.6%	-0.8%	-304	-5.4%	708
1951	11.8%	0.6%	463	15.4%	-1.2%	-463	-3.6%	926
1952	12.5%	0.7%	531	14.4%	-1.0%	-383	-1.9%	914
1953	13.3%	0.8%	663	14.8%	0.4%	438	-1.5%	225
1954	13.7%	0.4%	423	15.3%	0.5%	500	-1.6%	-77
1955	13.5%	-0.2%	36	15.2%	-0.1%	106	-1.7%	-70
1956	14.6%	1.1%	900	15.9%	0.7%	667	-1.3%	233
1957	15.4%	0.8%	764	16.4%	0.5%	616	-1.0%	148
1958	16.2%	0.8%	772	18.5%	2.1%	1592	-2.3%	-820
1959	18.4%	2.2%	1650	20.2%	1.7%	1357	-1.8%	293

误

续表

时间（年）	常住城镇化率	常住城镇化率增幅	常住城镇人口增量（万人）	非农化率	非农化率增幅	非农人口增量（万人）	常住城镇化率与非农化率差值	常住城镇人口增量与非农人口增量差值（万人）
1960	19.7%	1.3%	702	20.7%	0.5%	164	-1.0%	538
1961	19.3%	-0.4%	-366	18.9%	-1.8%	-1316	0.4%	950
1962	17.3%	-2.0%	-1048	16.8%	-2.1%	-1140	0.5%	92
1963	16.8%	-0.5%	-13	16.7%	-0.1%	309	0.1%	-322
1964	18.4%	1.6%	1304	22.9%	6.2%	4593	-4.5%	-3289
1965	18.0%	-0.4%	95	16.7%	-6.2%	-4055	1.3%	4150
1966	17.9%	-0.1%	268	16.6%	-0.1%	218	1.3%	50
1967	17.7%	-0.2%	235	16.5%	-0.1%	297	1.2%	-62
1968	17.6%	-0.1%	290	16.0%	-0.5%	-83	1.6%	373
1969	17.5%	-0.1%	279	15.4%	-0.6%	-151	2.1%	430
1970	17.4%	-0.1%	307	15.3%	-0.1%	257	2.1%	50
1971	17.3%	-0.1%	287	15.7%	0.4%	690	1.6%	-403
1972	17.1%	-0.2%	224	15.6%	-0.1%	282	1.5%	-58
1973	17.2%	0.1%	410	15.7%	0.1%	360	1.5%	50
1974	17.2%	0.0%	250	15.5%	-0.2%	87	1.7%	163
1975	17.3%	0.1%	435	15.4%	-0.1%	199	1.9%	236
1976	17.4%	0.1%	311	15.1%	-0.3%	-121	2.3%	432
1977	17.6%	0.2%	328	15.5%	0.4%	517	2.1%	-189
1978	17.9%	0.3%	576	15.8%	0.3%	556	2.1%	20
1979	19.0%	1.1%	1250	16.6%	0.8%	956	2.4%	294
1980	19.4%	0.4%	645	17.0%	0.4%	614	2.4%	31
1981	20.2%	0.8%	1031	17.4%	0.4%	613	2.8%	418
1982	21.1%	0.9%	1309	17.6%	0.2%	497	3.5%	812
1983	21.6%	0.5%	794	17.8%	0.2%	468	3.8%	326
1984	23.0%	1.4%	1743	18.9%	1.1%	1308	4.1%	435
1985	23.7%	0.7%	1077	19.9%	1.0%	1368	3.8%	-291
1986	24.5%	0.8%	1272	19.4%	-0.5%	-152	5.1%	1424
1987	25.3%	0.8%	1308	19.5%	0.1%	366	5.8%	942
1988	25.8%	0.5%	987	20.1%	0.6%	999	5.7%	-12
1989	26.2%	0.4%	879	20.5%	0.4%	784	5.7%	95
1990	26.4%	0.2%	655	20.6%	0.1%	516	5.8%	139

续表

时间（年）	常住城镇化率	常住城镇化率增幅	常住城镇人口增量（万人）	非农化率	非农化率增幅	非农人口增量（万人）	常住城镇化率与非农化率差值	常住城镇人口增量与非农人口增量差值（万人）
1991	26.9%	0.5%	1008	20.8%	0.2%	531	6.1%	477
1992	27.5%	0.6%	972	21.3%	0.5%	880	6.2%	92
1993	28.0%	0.5%	998	22.0%	0.7%	1090	6.0%	−92
1994	28.5%	0.5%	996	22.8%	0.8%	1250	5.7%	−254
1995	29.0%	0.5%	1005	23.3%	0.5%	925	5.7%	80
1996	30.5%	1.5%	2130	23.8%	0.5%	896	6.7%	1234
1997	31.9%	1.4%	2145	24.2%	0.4%	752	7.7%	1393
1998	33.4%	1.5%	2159	24.4%	0.2%	574	9.0%	1585
1999	34.8%	1.4%	2140	24.8%	0.4%	777	10.0%	1363
2000	36.2%	1.4%	2158	25.4%	0.6%	1007	10.8%	1151
2001	37.7%	1.5%	2158	26.0%	0.6%	953	11.7%	1205
2002	39.1%	1.4%	2148	27.2%	1.2%	1733	11.9%	415
2003	40.5%	1.4%	2164	29.0%	1.8%	2493	11.5%	−329
2004	41.8%	1.3%	1907	30.1%	1.1%	1713	11.7%	194
2005	43.0%	1.2%	1929	31.3%	1.2%	1758	11.7%	171
2006	44.3%	1.3%	2076	32.0%	0.7%	1173	12.3%	903
2007	45.9%	1.6%	2345	32.6%	0.6%	1006	13.3%	1339
2008	47.0%	1.1%	1770	33.1%	0.5%	895	13.9%	875
2009	48.3%	1.3%	2109	33.7%	0.6%	1057	14.6%	1052
2010	50.0%	1.7%	2466	34.3%	0.6%	935	15.7%	1531
2011	51.8%	1.8%	2949	34.9%	0.6%	1095	16.9%	1854
2012	53.1%	1.3%	2248	35.3%	0.4%	912	17.8%	1336
2013	54.5%	1.4%	2327	35.9%	0.6%	1154	18.6%	1173
2014	55.8%	1.3%	2236	36.6%	0.7%	1314	19.2%	922
2015	57.3%	1.5%	2564	—	—	—	—	—
2016	58.8%	1.5%	2622	—	—	—	—	—
2017	60.2%	1.4%	2419	—	—	—	—	—
2018	61.5%	1.3%	2090	—	—	—	—	—
2019	62.7%	1.2%	1993	—	—	—	—	—
2020	63.9%	1.2%	1794	—	—	—	—	—

数据来源：《中国统计年鉴》《中国人口统计年鉴》《中国人口和就业统计年鉴》

2.1.2　空间格局特征

分别对1991年、2000年、2010年、2014年、2019年五个节点年份及分阶段的城镇化率空间分布特征进行分析。

（1）1991年。东北、西北，华北的京津冀和内蒙古地区，以及长三角和珠三角的核心区域，城镇化发育水平较高；中西部呈点状发育，全国地区间保持了低水平的均衡。该时期城镇化率数据缺失，但由于流动人口较少，可以用非农化率来表示城镇化发展水平。东北和西北的城镇化发育水平较高，前者源于老工业基地长期的工业化发展及对就业人口的带动，后者则主要由于其资源型产业结构和人口基数较小等原因。京津、长三角和珠三角地区的城镇化此时开始快速发育，主要城市的城镇化率均超过了30%甚至50%。其余地区除部分省会城市（太原、济南、武汉、南昌、贵阳、昆明、西安、兰州等）、计划单列市（厦门、青岛）和部分工业型城市（攀枝花、铜川、铜陵、淮南、阳泉等）外，城镇化率大多在30%以下。

（2）1992—2000年。全国各地区的城镇化发育水平开始出现分化，东部沿海地区的城镇化发育水平迅速提升，东北和西北地区继续保持高度发育水平，其他中西部地区则由点状发育向区域性发育格局转变。随着东部沿海对国际产业转移的加速承接和逐步加快的规模性跨区域人口流动，其城镇化率也快速提升，主要城市均超过了50%。同时，除西北外的其他中西部地区，点状发育的城镇化格局也开始向围绕中心城市的区域性连片发育格局转变，发展较快的包括长江中游、中原、关中、成渝、晋中—石家庄、皖江、南宁周边等地区，中心城市及周边区域的城镇化率普遍超过了30%甚至50%。

（3）2001—2010年。全国各地区的城镇化发展基本延续了上一阶段的分化格局，东部沿海和中西部部分地区的城镇化水平增长较快。长三角除个别地市外城镇化率均超过了50%，成为我国城镇化发育水平最高的地区，山东半岛、海峡西岸的增速次之。中西部的高城镇化片区则在上一阶段基础上有了进一步的扩展，尤以长株潭、成渝、皖江、南宁周边的增长最快。此外，除西南地区和新疆部分地市州外，全国大部分地区的城镇化率均超过了30%。

（4）2011—2014年。东部沿海形成了从环渤海至珠三角的高城镇化水平连绵带，中西部地区城市群、都市圈区域的城镇化发展速度也进一步加快，形成了以"东部连绵带+中西部城市群、都市圈"为主的高城镇化水平区域。此时期，京津冀到珠三角一线各地市的城镇化率基本均超过了50%，并形成连绵之势。中西部的高城镇化片区在上一阶段基础上继续扩展，尤其是长江中游、中原、皖江、晋中—石家庄、黔中等城市群和都市圈地区。西北、内蒙古等地区的城镇化则继续保持高水平发育状态。此阶段出现的新变化是东北地区部分地市的城镇化率出现下降，说明人口收缩的现象逐步显露。

（5）2015—2019年。除少数农业人口规模较大的农业型和民族型区域外，中东部多数地区的城镇化发展均达到了较高水平，以城市群和都市圈为依托的高城镇化片区也进一步扩展。到2019年，除河南东南部、安徽西北部、湖南西部、广东部分地区外，中东部大部分地市的城镇化率均超过了50%，京津冀、长三角、珠三角城市群主要地市的城镇化率则大部分都超过了70%，且围绕其他中心城市的高城镇化片区范围也进一步扩展。在西部地区，大部分地市的城镇化率均超过了30%，而围绕直辖市、省会、首府等城市形成的城市群和都市圈地区则普遍超过了50%。

总体来看，我国城镇化发展的空间格局及演变有如下特征：①东北和西部部分地区作为老工业基地和资源型地区，城镇化发展一直处于较高水平，但在2010年后东北地区开始出现了城镇化的局部收缩现象；②沿海地区城镇化发育较早，京津、长三角、珠三角最早，山东半岛、海峡西岸次之，以这些地区为中心向外辐射，到2014年形成了沿海高城镇化水平连绵带，并在后续发展中进一步以京津、长三角、珠三角为中心出现极化；③在"胡焕庸线"以东的中西部，城镇化发展呈单中心向外扩展状态，武汉、太原较早发育，主要以工业发展为牵引，然后是西安、成都、郑州、贵阳、昆明，以及长沙、南昌、合肥、南宁等。到2014年，基本形成了以长江中游、成渝、关中、中原、南宁周边、皖江、晋中—石家庄、兰西等以城市群和都市圈为主体形态的城镇化高水平发育区，并在后续发展中进一步扩展。而在"胡焕庸线"以西区域的西北地区，其城镇化率也普遍高于西南地区。

2.2 动力：动力变化与结构转型

2.2.1 经济增长对城镇化的带动作用变化

在我国数十年的城镇化快速发展进程中，城乡二元管理制度改革与经济增长是推动城市就业和城镇化发展的主要动力，同时存在结构性的变化。下面以经济增长对城镇化中城镇人口增长的带动作用来表示其对城镇化的带动效应，虽然不能全面反映城镇化的发展状况，但城镇人口增长仍是城镇化的主要表现形式。对全国各省（市、自治区）2003—2005年、2006—2008年、2009—2011年、2012—2014年、2015—2019年5个时段的经济增长与城镇化中城镇人口的增长做一元回归分析[①]，有如下发现：

（1）经济增长对城镇化中城镇人口增长的带动作用趋于下降。5个时段回归方程的拟合度（R^2）先升后降，回归系数也趋于下降，从2003—2005年的0.918逐步降至2015—2019年的0.080（图2-2）。

（2）工业增长对城镇化中城镇人口增长的带动作用也趋于下降甚至有收敛效应。5个时段回归方程的拟合度（R^2）同样趋于下降，回归系数也从2003—2005年时的0.316下降至2009—2011年时的0.243，并在2012年后开始降为负值，且回归方程变得不再显著（图2-3）。

（3）服务业增长对城镇化中城镇人口增长的带动作用与经济增长的总体带动作用变化类似，也呈趋于下降状态。5个时段回归方程的拟合度（R^2）先升后降，回归系数则一直下降（图2-4）。

综合来看，在经历较长时间的经济与城镇化快速增长后，我国经济增长对城镇化中城镇人口增长的带动作用已发生结构性的转变，而且工业增长对于城镇人口增长甚至有一定的收敛效应，这一方面由于城镇人口和城镇化率在达到一定规模后的边际下降，也是城镇发展规律使然；另一方面由于技术进步改变了劳动用工状况，亦是一种资本的扩张效应。

---

① 1991年城镇化率用非农化率数据替代；各省（市、自治区）经济数据的2000年不变价基于其实际值与相对于2000年的全国GDP指数计算得到，全国GDP指数源自《中国统计年鉴》，下同。

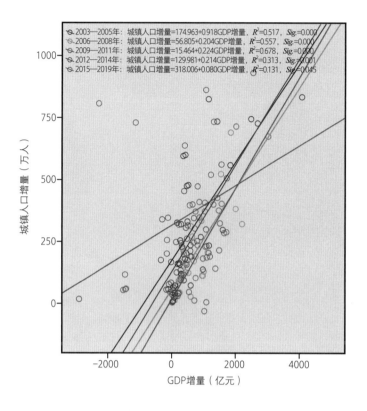

图2-2 不同年份各省（市、自治区）GDP增量（2000年不变价）与城镇人口增量的回归分析

数据来源：《中国统计年鉴》

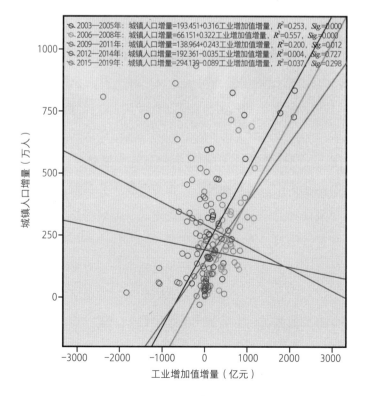

图2-3 不同年份各省（市、自治区）工业增加值增量（2000年不变价）与城镇人口增量的回归分析

数据来源：《中国统计年鉴》

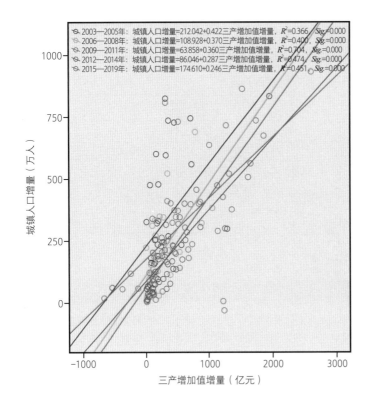

图2-4 不同年份各省（市、
自治区）三产增加值增量
（2000年不变价）与城镇人
口增量的回归分析

数据来源：《中国统计年鉴》

2.2.2 就业结构变化与城镇化发展

由于城镇就业是推动城镇化发展的核心动力，因而可以从城镇就业结构的变化来反映城镇化动力的结构性变动特征。从总量上看，我国2020年城镇就业人数为4.6亿，占全部就业人数的61%，比2000年时的2.3亿增长了1倍（图2-5）。从城镇就业人员的构成来看（图2-6），2000年占比最大的就业类型为国有、个体、集体和私营，而到2016年占比最大的转变为私营、个体、有限责任公司和国有。城镇就业结构在16年间发生了很大的变化，私营、有限责任公司、个体等市场主体吸纳就业的规模实现了快速增长，而曾经作为第一就业大户的国有企业就业规模则出现了近2000万的下降（图2-7），而且其中还没有包括未计入的非正规就业人员，这部分就业人员所从事的行业也多数为私营、个体等类型。可以说，以私营、个体、外资等为代表的市场化经济发展及其带动的就业，是近十多年来我国城镇化发展的主要动力源泉。进一步从城镇非私营单位就业的分行业构成来看，2003年占比最大的为制造业、教育、公共管理和建筑业，2020年则为制造业、建筑业、教育和公共管理，变化不大（图2-8）；

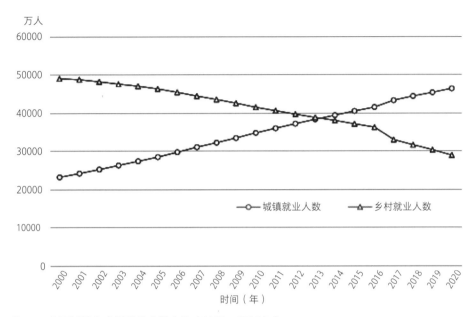

图2-5 全国城镇和乡村就业人数变化（2000—2020年）

数据来源：《中国统计年鉴》

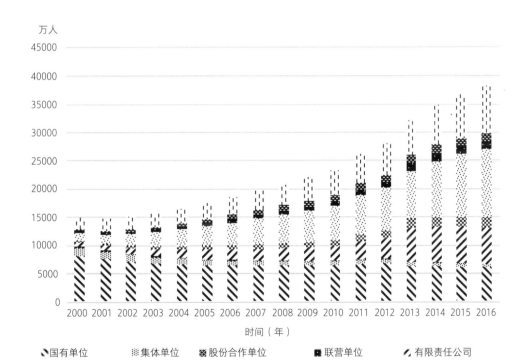

国有单位　集体单位　股份合作单位　联营单位　有限责任公司
股份有限公司　私营企业　港澳台商投资单位　外商投资单位　个体

图2-6 全国城镇就业人数分注册类型的变化（2000—2016年）

数据来源：《中国统计年鉴》

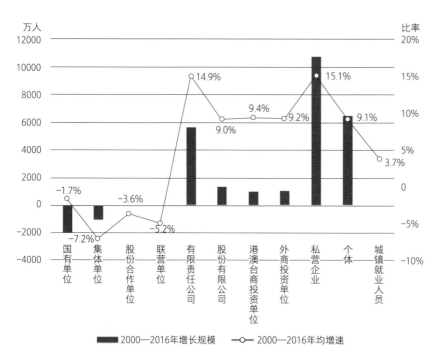

图2-7　各注册类型城镇就业人数的增长规模及年均增速（2000—2016年）

数据来源：《中国统计年鉴》

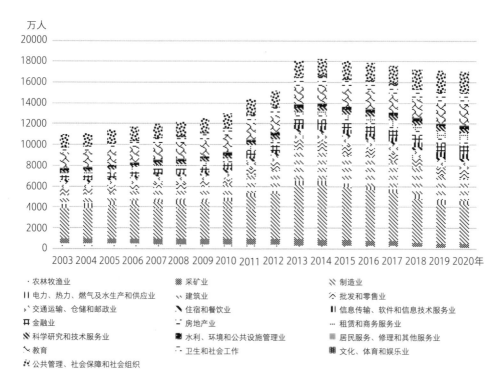

图2-8　全国城镇非私营单位就业人数分行业的变化（2003—2020年）

数据来源：《中国统计年鉴》

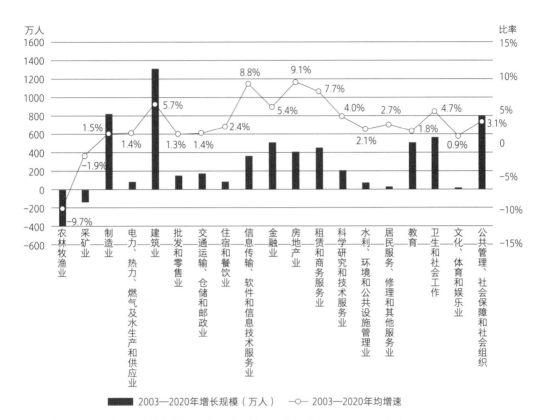

图 2-9　各行业城镇非私营单位就业人数的增长规模及年均增速（2003—2020年）

数据来源：《中国统计年鉴》

但从增速来看，2003—2020年间，就业规模增长最快的产业类型为房地产业、信息传输和软件业、租赁和商务业、建筑业、金融业等（图2-9）。

　　总体来看，市场化改革和对外开放极大地推动了城镇就业的结构性变化，从2000年初的国有资本主导格局转变为目前以私营、有限责任公司、个体等为代表的市场性资本主导格局。从行业细分来看，制造业、建筑业及各类配套公共服务业一直是推动城镇就业和城镇化发展的重要引擎，虽然近十多年来几类行业的规模结构还未发生大的变化，但信息传输和软件业、租赁和商务业、金融业等新兴产业就业人数的增速较快，这些力量均是促进城镇化动力结构转变和优化的重要因素。

2.3　空间：人口流动的时空变化与空间特征

2.3.1　横向的时空变化：人口流动的"潮汐演替"

在我国的城镇化进程中，流动人口的省际和省内流动一直是诱致城镇化空间格局变化的主要因素。根据第七次全国人口普查数据，2020年全国流动人口规模为3.8亿，较2011年的2.3亿和2015年的2.5亿有较大幅度的增长（国家人口和计划生育管理委员会流动人口服务管理司，2012，2016）。而且，在流动人口进行长时期跨区域迁移的背景下，区域间产生了"主要人口流入区"和"主要人口流出区"的分野[①]。按照2010年的数据，广东、上海、北京、浙江、江苏、天津和福建是东部地区人口净流入最多的省份，而河南、四川、安徽、广西、贵州、湖南、湖北、重庆、江西则是人口净流出最多的省份，但这种状态在2010年后出现了新的变化。

具体来说，2010年尤其是2015年后，在上述主要人口净流入区中，广东、北京、江苏、天津、福建的净流入人口规模均出现了不同程度的下降。而在上述人口净流出区中，河南、四川、广西、湖南、重庆、江西的净流出人口规模也出现了不同程度的下降（图2-10）。这说明流动人口向东部沿海的流动速度正在减缓，并同时存在自中西部流动到东部和自东部回流至中西部的双向流动现象。

若进一步考察各区域人口净流入（出）规模及净流入（出）量的变化，又可分为6类：①净流入区转为净流出区；②净流出区仍为净流出区，且净流出量增加；③净流出区仍为净流出区，但净流出量减少；④净流入区仍为净流入区，但净流入量减少；⑤净流入区仍为净流入区，且净流入量增加；⑥净流出

[①] "主要人口流入区"包括北京、天津、江苏、上海、浙江、福建、广东4省3市，"主要人口流出区"包括河南、安徽、湖北、湖南、江西、重庆、四川、贵州、广西8省1市，这里的分析参考了李晓江和郑德高（2017）的文章。

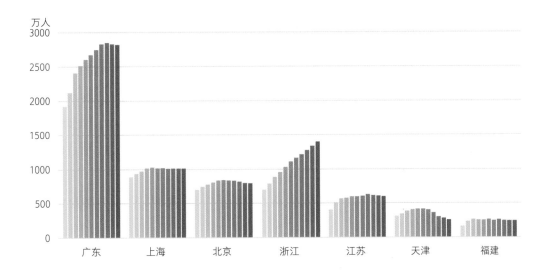

（a）主要人口流入区的净流入规模变化

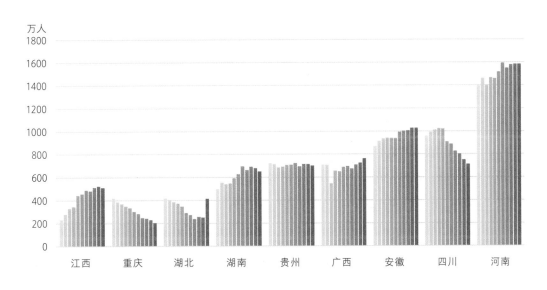

（b）主要人口流出区的净流出规模变化

图2-10　主要人口流入区和主要人口流出区的净流入（出）规模变化（2010—2020年）

数据来源：《中国统计年鉴》

区转为净流入区。从①至⑥的人口流入速度逐级递增。

（1）1990—2000年：东部沿海人口净流入区和中西部人口净流出区的分野开始形成。京津冀、长三角、珠三角、辽中南、山东半岛、海峡西岸六大沿海核心区域为净流入区，且呈加速流入状态，其余地区大多为人口净流出区。在内陆地区，西部、内蒙古、山西以及湖北部分区域的人口流入较明显，其余大部分为人口加速流出状态，尤其是中南地区的大部分区域，上文所述的人口净流出规模最大的8省1市即在其中。

（2）2001—2010年：东部沿海人口净流入区与中西部人口净流出区间进一步形成"核心—边缘"结构，且东部沿海人口净流入区内部出现分化。在上一阶段形成的沿海六大流入区中，京津冀地区仅有京津及唐山、廊坊继续呈人口净流入状态，其余区域的流入速度减缓甚至转为净流出区；而长三角、珠三角、山东半岛、辽中南、海峡西岸则基本上均呈人口减速流入状态。但除了这些重点城市群地区，东部其他区域多呈加速流出状态。在中西部地区，上一阶段形成的人口净流出区中，大部分仍呈加速流出状态，而且范围有所扩展，之前存在一部分净流入区域的湖北、重庆、山西等地区也基本上均转为净流出区，从而使得中西部体现出整体上的加速流出趋势。

（3）2011—2014年：沿长江一线地区的人口流出速度与东部核心地区的人口流入速度均有减缓，沿江与沿海共同形成T形人口相对流入区，东西部间的"核心—边缘"结构也开始松动，并有向南—中—北地区间"核心—边缘"结构转变的趋势。首先，此阶段变化最显著的是沿长江的安徽、湖北、湖南、重庆、四川一线，虽大部分仍为净流出区，但流出量开始减少，并使得上一阶段形成的东西部间"核心—边缘"结构趋于松动。其次，东部沿海核心城市及毗邻地市虽仍以净流入为主，但流入速度出现减缓。总体来看，东部沿海和沿长江一线共同形成了T形的人口相对流入区，这与位于北方的山西、河南、陕南地区，以及南方的贵州、广西、湘南、江西等人口加速流出区一道，有形成南—中—北地区间"核心—边缘"结构的趋势。

（4）2015—2019年：沿长江一线区域的人口流出速度进一步减缓，T形人口相对流入区范围向南扩展，南—中—北地区间"核心—边缘"结构进一步深化，并出现转为南北方间"核心—边缘"结构的新趋势；同时，东部沿海出现了由核心城市逐次向外的流动状态分化。在上一阶段基础上，长江沿线的安徽、湖北、湖南、重庆、四川等省份的人口流出速度继续减缓，而且部分地市还转为了净流入，这说明人口自东部沿海的回流和就地/近域城镇化在进一步加速，省内流动在流动人口中所占比例趋于上升。同时，人口流出速度减缓区还向湘西、广西等地扩展，上一阶段的中部和南部连为一片，均成为人口流出速度减缓区，南北间的"核心—边缘"结构进一步深化，即南方省份的人口流出速度总体上趋于减缓，而北方省份的人口流出速度则进一步加快。东部沿海则出现了城市群内部的分化，北京、天津、上海等核心城市的人口流入速度减缓，但毗邻这些核心城市的周边地市却出现了人口的加速流入，外围地市则仍保持人口流出状态，但流出速度有所减缓。

以上分析表明，中西部人口净流出区出现了流出速度的减缓甚至部分地区还转为了净流入区，这一区域率先出现在沿长江一线，后来又向南有一定扩展；东部沿海地市的人口流入也出现了内部的分化，即重点城市群地市一直呈现净流入状态，并存在城市群核心城市流入减缓而周边毗邻地市流入加速的特征，而外围地区则呈现流出减缓的特征。这些变化共同形塑了由沿海和沿江地区所构成的T形人口相对流入区，从而使得长期形成的东西部间"核心—边缘"结构有向南北间"核心—边缘"结构转变的趋势。这种现象一部分得益于中西部地区农村劳动力在本地产业逐步发育后更倾向于在本地实现城镇化，包括本地县城和附近的省会等大城市；另一部分则得益于东部流动人口在区域产业格局变动和东部生活成本上升等因素影响下的回流。但从个体行为来看，在回流的同时，仍有大量流动人口从中西部迁移至东部沿海，方向相对的两个流动过程在每个阶段均同时存在，而且流出在当下仍是主导。这种人口的双向不平衡流动可归纳为"潮汐演替"，即流动人口向东部沿海的流动类似涨潮，而流动人口向中西部的回流则为退潮或登陆。具体到各阶段，2010年前以中西部向东部沿海的人口流出和"涨潮"为主，2010年后则在"涨潮"的同时，还出现了东部沿海向中西部地区规模日增的"退潮"现象，但双向流动始终在各阶段共同存在。

2.3.2 纵向的空间分布特征：由底端向顶端过渡的两端集聚

除了横向空间上的"潮汐演替"特征，城镇化的空间结构转型还反映在纵向空间结构，即城镇体系的变动上。本研究基于统计资料获取了1991年、2000年、2010年、2014年、2020年五个节点年份全国所有建制市的城镇（城区）人口规模数据[①]，并根据全国城镇人口数据推算相应年份"县城、镇"层级的人口规模，据此分析城镇化纵向空间结构的变化。

从各行政层级城镇人口规模的增量及其占比的变化来看（表2-2、图2-11），总体呈现"由底端向顶端过渡的两端集聚"特征。①1991—2000年，"县级市"层级的城镇人口增量占比最高，呈"下端集聚"特征。②2001—2014年，"县城、镇"层级的城镇人口增量占比持续提升，呈"底端集聚"特征，城镇体系的重心也随之下沉。这一时期，人口流出区的流动人口主要流向流入区的顶端城镇和家乡附近的县城、镇，而且向底端县镇的集聚速度更快，由此出现了以基层县镇为主的第一代近域城镇化模式。③2015—2020年，"省会及以上城市"层级的城镇人口增量占比大幅提升，出现了城镇体系的重心上升和流动人口"顶端集聚"的趋势，但此时底端县镇的城镇人口增量占比仍在三成以上，因而仍然保持了"两端集聚"的纵向空间格局，由此形成了"由底端向顶端过渡的两端集聚"特征。以上分析说明，在一系列政策的支持和自身的规模经济效应带动下，大部分区域的省会及以上城市逐步成为流动人口的首选，尤其是成为本省流动人口实现近域城镇化的主要选择，由此形成了以城市群和都市圈为尺度的第二代近域城镇化模式，主要承载空间包括其中的中心城市、县城以及重点小城镇等。

---

① 鉴于数据的可获取性，各年份的城市人口数据来源不一，为了便于比较，1991年采用"市人口中非农人口"口径，2010年采用"市辖区城镇人口"和"城区人口"两个口径，2014年、2020年采用"城区人口"口径；其中，"市人口中非农人口"口径偏小，"市辖区城镇人口"口径偏大，"城区人口"口径应当比较准确。三项人口数据分别来源于相应年份的《中国分县市人口统计资料》、第五次/第六次人口普查资料、《中国城市建设统计年鉴》。由于县级市城区的人口规模普遍大于县城人口规模，且在产业发展、设施配套、城市建设等方面均优于县城，另外，县级市城区人口规模数据完整，而县城人口规模数据缺失，因而将"县级市"单独作为一个层级，而将县城与建制镇合并为"县城、镇"层级。

不同时段全国各行政层级城镇的人口增量及占比变化　　表2-2

	1991—2000 年		2001—2010 年		2011—2014 年		2015—2020 年	
	城镇人口增量（万人）	占比	城镇人口增量（万人）	占比	城镇人口增量（万人）	占比	城镇人口增量（万人）	占比
省会及以上城市	5636	25%	5667	28% ↑	2065	22% ↓	4766	**35%** ↑
地级市	6678	30%	5779	28% ↓	2525	27% ↓	3489	26% ↓
县级市	6867	**31%**	1619	8% ↓	497	5% ↓	942	7% ↑
县城、镇	3289	15%	7369	**36%** ↑	4426	**47%** ↑	4313	32% ↓
合计	22469	100%	20434	100%	9513	100%	13510	100%
纵向空间结构特征	下端集聚		重心下沉、底端集聚		重心下沉、底端集聚		重心上升、首末两端集聚	

注：加粗字体表示该时段城镇人口增量占比最大的城镇行政层级，↑表示该层级城镇人口增量占比较上一时段有所上升，↓表示该层级城镇人口增量占比较上一时段有所下降。

数据来源：《1991年全国分县市人口统计资料》、第五次/第六次全国和分省人口普查资料、《中国城市建设统计年鉴》《中国统计年鉴》

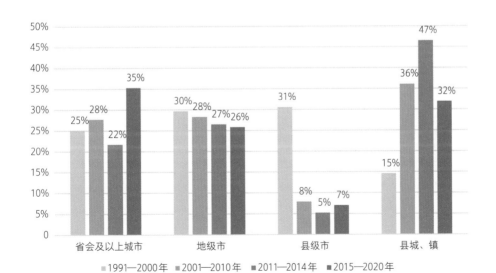

图2-11　不同时段全国各行政层级城镇人口增量的占比变化

数据来源：《1991年全国分县市人口统计资料》、第五次/第六次全国和分省人口普查资料、《中国城市建设统计年鉴》《中国统计年鉴》

从各分区的情况来看（表2-3）。在2010年前，总体呈现华东、华南、东北三地区顶端或上端集聚，而其余地区底端集聚的特征，对应这些地区的人口流动状态，则基本呈现"人口流入区顶端集聚、人口流出区底端集聚"特征。2010年尤其是2014年后，除东北和西部地区外，其余区域均与全国情况的变化较为一致，也呈现城镇体系的"重心上升"和"由底端向顶端过渡的两端集聚"状态，只是有的地区向顶端集聚的过渡出现得早，有的出现得晚，如中南、西南地区在2010年后就开始出现这种变化，其余地区则在2014年后才开始出现。与大部分地区不同的是，东北地区在此阶段仍然延续顶端集聚特征，这应当是中下端城镇人口的流失所致。而西部地区则出现了持续向底端集聚的特征，并没有向顶端集聚过渡的明显迹象，这说明西部县城、小城镇的发育较好且吸引人口能力较强，但也说明这些地区的中心城市吸引力较为有限。

以上分析回应了目前文献在流动人口纵向集聚格局研究中存在的观点分歧，即哪类层级的城镇是目前流动人口的主要选择，且有无区域间的差异。具体来说，在2010年前，确实存在较为普遍的流动人口向底端和顶端城镇两端集聚的特征，且存在中西部人口流出区偏向于底端集聚而东部沿海偏向于顶端集聚的差异。但近年来，流动人口向顶端超大特大城市的集聚逐步加速，从而越来越倾向于顶端集聚的格局，而且全国大多数地区均是如此。

不同时段各地区各行政层级城镇的人口增量及占比变化　　　　　表2-3

		1991—2000 年		2001—2010 年			2011—2014 年			2015—2020 年		
		城镇人口增量（万人）	占比	城镇人口增量（万人）	占比		城镇人口增量（万人）	占比		城镇人口增量（万人）	占比	
华北	省会及以上城市	942	29%	1191	33%	↑	449	32%	↓	1065	55%	↑
	地级市	965	29%	454	13%	↓	290	21%	↑	597	31%	↑
	县级市	1037	31%	498	14%	↓	11	1%	↓	56	3%	↑
	县城、镇	363	11%	1490	41%	↑	662	47%	↑	222	12%	↓
	合计	3306	100%	3632	100%		1411	100%		1939	100%	
	纵向空间结构特征	下端集聚		重心下沉、底端集聚			重心上升、底端集聚			重心上升、顶端集聚		

续表

		1991—2000 年		2001—2010 年			2011—2014 年			2015—2020 年		
		城镇人口增量（万人）	占比	城镇人口增量（万人）	占比		城镇人口增量（万人）	占比		城镇人口增量（万人）	占比	
中北	省会及以上城市	276	26%	207	19%	↓	105	20%	↑	296	41%	↑
	地级市	292	28%	270	24%	↓	91	17%	↓	172	24%	↑
	县级市	165	16%	53	5%	↓	14	3%	↓	74	10%	↑
	县城、镇	319	**30%**	579	**52%**	↑	312	**60%**	↑	175	24%	↓
	合计	1052	100%	1108	100%		522	100%		716	100%	
	纵向空间结构特征	底端集聚		重心下沉、底端集聚			重心下沉、底端集聚			重心上升、顶端集聚		
东北	省会及以上城市	412	29%	429	56%	↑	134	55%	↓	323	345%	↑
	地级市	443	31%	186	24%	↓	54	22%	↓	−145	−155%	↓
	县级市	654	**46%**	59	8%	↓	61	25%	↑	−81	−87%	↓
	县城、镇	−91	−9%	87	11%	↑	−5	−2%	↓	−3	−3%	↓
	合计	1418	100%	761	100%		244	100%		94	100%	
	纵向空间结构特征	下端集聚		重心上升、顶端集聚			重心下沉、顶端集聚			重心上升、顶端集聚		
华东	省会及以上城市	944	25%	1304	39%	↑	313	24%	↓	656	40%	↑
	地级市	868	23%	1137	**34%**	↑	502	38%	↑	592	36%	↓
	县级市	1684	**44%**	320	10%	↓	−30	−2%	↓	120	7%	↑
	县城、镇	342	9%	547	17%	↑	538	**41%**	↑	279	17%	↓
	合计	3837	100%	3306	100%		1322	100%		1646	100%	
	纵向空间结构特征	下段集聚		重心上升、上端集聚			重心下沉、底端集聚			重心上升、上端集聚		
中南	省会及以上城市	583	13%	369	8%	↓	208	9%	↑	492	15%	↑
	地级市	1684	**39%**	1050	23%	↓	628	28%	↑	805	25%	↓
	县级市	1101	25%	570	13%	↓	178	8%	↓	373	11%	↑
	县城、镇	1010	23%	2533	**56%**	↑	1213	55%	↓	1605	**49%**	↓
	合计	4378	100%	4521	100%		2227	100%		3274	100%	
	纵向空间结构特征	上端集聚		重心下沉、底端集聚			重心上升、底端集聚			重心上升、底端集聚		

		1991—2000 年		2001—2010 年			2011—2014 年			2015—2020 年		
		城镇人口增量（万人）	占比	城镇人口增量（万人）	占比		城镇人口增量（万人）	占比		城镇人口增量（万人）	占比	
华南	省会及以上城市	1408	28%	1045	30%	↑	405	23%	↓	919	37%	↑
	地级市	1583	**32%**	2055	**59%**	↑	538	31%	↓	927	37%	
	县级市	1496	30%	−39	−1%	↓	80	5%	↑	5	0.2%	↓
	县城、镇	516	10%	446	13%	↑	743	**42%**	↑	653	26%	↓
	合计	5002	100%	3507	100%		1766	100%		2503	100%	
	纵向空间结构特征	上端集聚		重心上升、上端集聚			重心下沉、底端集聚			重心上升、顶端集聚		
西南	省会及以上城市	843	**32%**	821	34%	↑	335	23%	↓	824	35%	↑
	地级市	564	22%	324	13%	↓	332	23%	↑	495	21%	↓
	县级市	581	22%	50	2%	↓	92	6%	↑	289	12%	↑
	县城、镇	616	24%	1249	**51%**	↑	708	**48%**	↓	784	33%	↓
	合计	2603	100%	2445	100%		1467	100%		2391	100%	
	纵向空间结构特征	顶端集聚		重心下沉、底端集聚			重心上升、底端集聚			重心上升、顶端集聚		
西部	省会及以上城市	229	26%	304	26%	↑	116	21%	↓	193	20%	↓
	地级市	279	**32%**	303	26%	↓	91	17%	↓	47	5%	↓
	县级市	150	17%	109	9%	↓	91	16%	↑	108	11%	↑
	县城、镇	215	25%	439	**38%**	↑	256	**46%**	↑	599	**63%**	↑
	合计	873	100%	1154	100%		554	100%		946	100%	
	纵向空间结构特征	上端集聚		重心下沉、底端集聚			重心下沉、底端集聚			重心下沉、底端集聚		

注：加粗字体表示该时段城镇人口增量占比最大的城镇行政层级，↑表示该层级城镇人口增量占比较上一时段有所上升，↓表示该层级城镇人口增量占比较上一时段有所下降。

数据来源：《1991年全国分县市人口统计资料》、第五次/第六次全国和分省人口普查资料、《中国城市建设统计年鉴》《中国统计年鉴》

　　以上两部分的分析表明，我国城镇化发展的空间格局正在发生结构性的转变，具体体现为横向空间上的"潮汐演替"和纵向空间上的"由底端向顶端过渡的两端集聚"状态。"潮汐演替"主要表现为流动人口在区域间的常态化双向流动以及越来越显著的"回流"现象，而"由底端向顶端过渡的两端集聚"
则表现为流动人口在纵向空间上的集聚由之前的"底端集聚"为主，逐步向
"顶端集聚"状态过渡，但从总体占比来看仍呈现"两端集聚"格局。由此还
出现了从第一代近域城镇化模式向第二代近域城镇化模式的拓展，城市群和都
市圈范围内的省会及以上层级城市、县城、重点小城镇等均是第二代近域城镇
化的主要承载空间，而"回流"的日趋增多进一步强化了这种趋势。以上分析
揭示了2011—2020年间我国城镇化中人口流动的最新动态格局，对目前主要以
2000—2010年间人口流动为研究对象的相关文献做了延续与补充。

2.4 质量：两类结构性失衡

2.4.1 城镇化与非农化的结构性失衡

从历史经验来看，劳动力个体及家庭的城市化转变往往需要一至两代人的
时间，刚刚进入城市的农村移民在就业、居住等方面与城市正式居民均存在不
少差距。在我国的具体条件下，由于流动人口大多没有当地户籍，就业和居住
相对不稳定，因而利用非农化率与城镇化率的统计数值差值[①]就基本能够甄别
出城镇化发展的质量状况。但也有两点情况需要说明：①虽然这种差值的存在
有其合理性，但毕竟不是理想状况；②城镇外来人口即使拥有稳定工作和住所
也很难获得户籍，或是不愿意改变户籍，而且多地已经陆续取消了农业和非农
业户口之分[②]，因而非农化率与城镇化率的差值与城镇化的质量高低不完全相
关联，但这些情况并不影响总体判断，该方法仍具有较大的参考价值。

---

① 非农化率=非农户籍人口/常住人口，城镇化率=城镇常住人口/常住人口。
② 2014年7月30日国务院出台《关于进一步推进户籍制度改革的意见》，提出"取消农业和非农
户口之分"。

前文已经对全国层面城镇化率与非农化率差值和结构性失衡的历史演变做了初步分析。具体来看，这种失衡始于20世纪80年代，直到2000年，二者差值均在10个百分点之内。2000年后，二者的差值逐步扩大，2014年达到了19.2个百分点。这种差值的背后是规模庞大的流动人口，2015年末我国城镇中的流动人口总量为2.5亿（国家人口和计划生育管理委员会流动人口服务管理司，2016），流动人口对统计城镇化率的指标贡献为32%。到2020年，全国流动人口规模达到3.8亿，对统计城镇化率的指标贡献度上升至42%。这说明从城镇化与非农化结构性关系的视角来看，城镇化发展质量总体上存在相对下降特征。

对全国31个省（市、自治区）非农化率与城镇化率的差值及失衡状态进行分析发现，天津、浙江、上海、北京四地的二者差值均在30个百分点以上，存在较为严重的失衡（图2-12）。可以说，非农化率与城镇化率二者的差值与城镇化率基本呈正相关关系，即城镇化率越高，这种差值就越大。对此可从两个角度进行解释：①城镇化率较高的地区多为发达地区和特大城市地区，户籍管

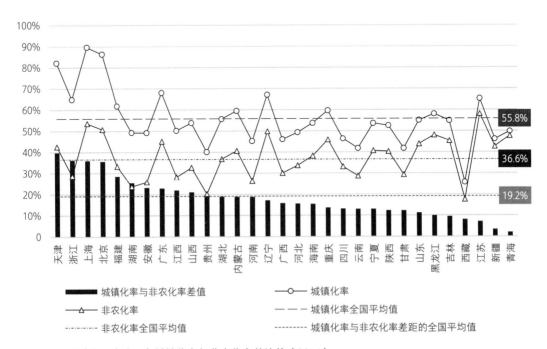

图2-12 各省（市、自治区）城镇化率与非农化率的比较（2014）

数据来源：《中国统计年鉴》《中国人口和就业统计年鉴》

控更为严格，多数流动人口刚刚进入城市，很难获得户籍；②城镇化率较高地区的经济发展状况普遍较好，非正规就业的规模一般也更大，尤其是在中高水平城镇化地区和城镇常住人口密度中上水平地区（陈明星 等，2021；张延吉等，2016），而大部分非正规就业人口均为没有获得当地户籍的流动人口，对非农化与城镇化之间差值的贡献很大，并且其中有相当一部分并不愿意放弃农村户籍。

　　进一步考察各省（市、自治区）非农化率与城镇化率差值及结构性失衡的历时变化（图2-13、表2-4），各省（市、自治区）的二者差值在2000—2014年间大多呈扩大趋势，但不同区域间的结构性失衡还存在类型分化（表2-5）。

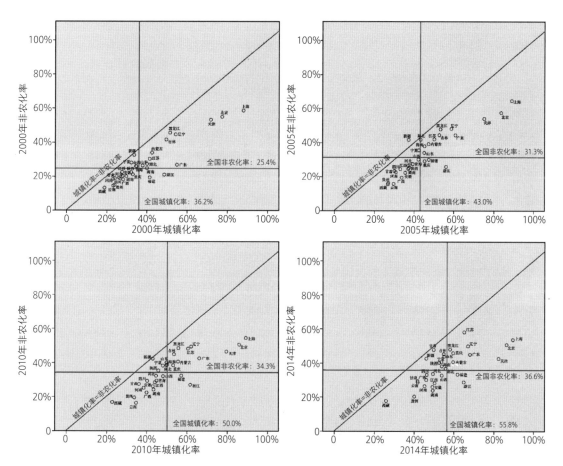

图2-13　各省（市、自治区）城镇化率与非农化率的比较（2000年、2005年、2010年、2014年）

数据来源：《中国统计年鉴》《中国人口统计年鉴》《中国人口和就业统计年鉴》

各省（市、自治区）城镇化率、非农化率及二者差值（2005年、2010年、2014年）   表2-4

地区	2005 年			2010 年			2014 年		
	城镇化率	非农化率	差值	城镇化率	非农化率	差值	城镇化率	非农化率	差值
天津	75.1%	54.0%	21.1%	79.6%	46.5%	33.1%	82.3%	42.5%	39.8%
浙江	56.0%	25.9%	30.1%	61.6%	27.0%	34.6%	64.9%	28.7%	36.2%
上海	89.1%	64.6%	24.5%	89.3%	54.5%	34.8%	89.6%	53.6%	36.0%
北京	83.6%	57.5%	26.1%	86.0%	50.6%	35.4%	86.4%	50.7%	35.7%
福建	47.3%	30.1%	17.2%	57.1%	32.5%	24.6%	61.8%	33.3%	28.5%
湖南	37.0%	24.8%	12.2%	43.3%	24.1%	19.2%	49.3%	23.7%	25.6%
安徽	35.5%	22.4%	13.1%	43.0%	26.0%	17.0%	49.2%	25.9%	23.3%
广东	60.7%	44.4%	16.3%	66.2%	42.6%	23.6%	68.0%	45.0%	23.0%
江西	37.0%	26.8%	10.2%	44.1%	28.5%	15.6%	50.2%	28.2%	22.0%
山西	42.1%	30.2%	11.9%	48.1%	32.0%	16.1%	53.8%	32.7%	21.1%
贵州	26.9%	16.4%	10.5%	33.8%	19.4%	14.4%	40.0%	20.2%	19.8%
湖北	43.2%	41.8%	1.4%	49.7%	38.5%	11.2%	55.7%	36.7%	19.0%
内蒙古	47.2%	39.3%	7.9%	55.5%	40.6%	14.9%	59.5%	40.6%	18.9%
河南	30.7%	22.7%	8.0%	38.5%	25.2%	13.3%	45.2%	26.4%	18.8%
辽宁	58.7%	48.1%	10.6%	62.1%	49.4%	12.7%	67.1%	49.9%	17.2%
广西	33.6%	19.5%	14.1%	40.0%	22.4%	17.6%	46.0%	30.1%	15.9%
河北	37.7%	27.0%	10.7%	44.5%	32.3%	12.2%	49.3%	33.7%	15.6%
海南	45.2%	38.0%	7.2%	49.8%	39.5%	10.3%	53.8%	38.2%	15.6%
重庆	45.2%	29.2%	16.0%	53.0%	38.4%	14.6%	59.6%	45.9%	13.7%
四川	33.0%	24.5%	8.5%	40.2%	29.3%	10.9%	46.3%	33.1%	13.2%
云南	29.5%	15.8%	13.7%	34.7%	16.3%	18.4%	41.7%	28.7%	13.0%
陕西	37.2%	25.3%	11.9%	45.8%	35.4%	10.4%	52.6%	40.3%	12.3%
宁夏	42.3%	35.6%	6.7%	47.9%	38.3%	9.6%	53.6%	40.6%	13.0%
甘肃	30.0%	23.4%	6.6%	36.1%	27.4%	8.7%	41.7%	29.4%	12.3%
山东	45.0%	34.1%	10.9%	49.7%	40.0%	9.7%	55.0%	43.8%	11.2%
黑龙江	53.1%	47.8%	5.3%	55.7%	48.5%	7.2%	58.0%	48.1%	9.9%
吉林	52.5%	44.4%	8.1%	53.4%	44.9%	8.5%	54.8%	45.3%	9.5%
西藏	26.7%	15.6%	11.1%	22.7%	16.8%	5.9%	25.8%	17.7%	8.1%
江苏	50.1%	42.1%	8.0%	60.6%	48.2%	12.4%	65.2%	58.1%	7.1%
新疆	37.2%	41.8%	-4.6%	43.0%	42.3%	0.7%	46.1%	42.6%	3.5%
青海	39.3%	27.5%	11.8%	44.7%	29.4%	15.3%	49.8%	47.7%	2.1%

数据来源：《中国统计年鉴》《中国人口统计年鉴》《中国人口和就业统计年鉴》

各省（市、自治区）城镇化质量的分阶段变化特征　　　　表2-5

地区	2005 年差值	2010 年差值	2014 年差值	2010 年差值较 2005 年差值的变化	2014 年差值较 2010 年差值的变化	2010—2014 年差值变化较 2005—2010 年差值变化的变动	2010—2014 年较 2005—2010 年城镇化质量变化情况
青海	11.8%	15.3%	2.1%	3.5%	−13.2%	−16.7%	质量提升
云南	13.7%	18.4%	13.0%	4.7%	−5.4%	−10.1%	
江苏	8.0%	12.4%	7.1%	4.4%	−5.3%	−9.7%	
重庆	16.0%	14.6%	13.7%	−1.4%	−0.9%	0.5%	
西藏	11.1%	5.9%	8.1%	−5.2%	2.2%	7.4%	
广东	16.3%	23.6%	23.0%	7.3%	−0.6%	−7.9%	质量有所提升
广西	14.1%	17.6%	15.9%	3.5%	−1.7%	−5.2%	
上海	24.5%	34.8%	36.0%	10.3%	1.2%	−9.1%	质量下降但下降幅度减缓
北京	26.1%	35.4%	35.7%	9.3%	0.3%	−9%	
天津	21.1%	33.1%	39.8%	12.0%	6.7%	−5.3%	
福建	17.2%	24.6%	28.5%	7.4%	3.9%	−3.5%	
内蒙古	7.9%	14.9%	18.9%	7.0%	4.0%	−3%	
浙江	30.1%	34.6%	36.2%	4.5%	1.6%	−2.9%	
新疆	−4.6%	0.7%	3.5%	5.3%	2.8%	−2.5%	
湖北	1.4%	11.2%	19.0%	9.8%	7.8%	−2%	
湖南	12.2%	19.2%	25.6%	7.0%	6.4%	−0.6%	
四川	8.5%	10.9%	13.2%	2.4%	2.3%	−0.1%	
河南	8.0%	13.3%	18.8%	5.3%	5.5%	0.2%	质量下降且下降幅度加快
宁夏	6.7%	9.6%	13.0%	2.9%	3.4%	0.5%	
吉林	8.1%	8.5%	9.5%	0.4%	1.0%	0.6%	
山西	11.9%	16.1%	21.1%	4.2%	5.0%	0.8%	
黑龙江	5.3%	7.2%	9.9%	1.9%	2.7%	0.8%	
江西	10.2%	15.6%	22.0%	5.4%	6.4%	1.0%	
甘肃	6.6%	8.7%	12.3%	2.1%	3.6%	1.5%	
贵州	10.5%	14.4%	19.8%	3.9%	5.4%	1.5%	
河北	10.7%	12.2%	15.6%	1.5%	3.4%	1.9%	
海南	7.2%	10.3%	15.6%	3.1%	5.3%	2.2%	
安徽	13.1%	17.0%	23.3%	3.9%	6.3%	2.4%	
辽宁	10.6%	12.7%	17.2%	2.1%	4.5%	2.4%	
山东	10.9%	9.7%	11.2%	−1.2%	1.5%	2.7%	
陕西	11.9%	10.4%	12.3%	−1.5%	1.9%	3.4%	

数据来源：《中国统计年鉴》《中国人口统计年鉴》《中国人口和就业统计年鉴》

（1）整体来看，东部省市城镇化与非农化的结构性失衡更为突出，城镇化质量也更相对偏低，而中西部则相对不突出，大体表现出经济越发达和城镇化水平越高，城镇化质量就越相对偏低的特征。如2005年，浙江、北京、上海、天津、福建、广东的二者差值就均超过了15个百分点，并在2010年和2014年又有进一步的扩大；而在中西部，这种失衡相较于东部来说表现得并不突出，2005年二者差值大多在15个甚至10个百分点以下，如安徽、湖南、贵州、江西、四川、河南、湖北等，虽然二者差值在2010年和2014年也有所扩大，但大部分省份的差值仍小于东部省市。

（2）在2010年后，东部省市非农化率与城镇化率的差值趋于缩小或是扩大速度逐步放缓，城镇化质量有绝对或相对的提升。但中西部地区的二者差值却加速扩大，城镇化质量有进一步下降的趋势，即中西部与东部地区间出现了对偶性的分化。具体来说，二者差值缩小的东部省份只有江苏和广东，2014年二者差值分别较2010年缩小了5.3个和0.6个百分点，城镇化质量有所提升；而对于东部的其他省市来说，虽然二者差值进一步扩大至20个甚至30个百分点以上，但扩大速度已减缓，如上海、北京、天津、福建、浙江等，因而这些地区的城镇化质量也有望得到提升。但在中西部地区，如安徽、贵州、江西、河南等主要人口流出区，以及陕西、甘肃、山西、宁夏等省区的二者差值均有加速扩大的趋向，表明城镇化质量有进一步的下降；而四川、湖南、湖北等人口流出区的差值扩大速度虽然也有所减缓，但减缓程度仍不及东部。

综上所述，不同区域城镇化与非农化间结构性失衡的类型分化具体表现为：东部的失衡总体上更为突出，但在2010年后，虽然这种失衡进一步加剧，但加剧速度已有所减缓，城镇化质量整体上有望提升；而中西部地区的失衡虽然较东部地区相对不明显，但在2010年后出现了失衡进一步加剧和发展质量相对下降的趋向。

2.4.2　人口集聚与空间增长的结构性失衡

从2011—2014年全国各地市的人均新增住宅用地供给面积（城市新增住宅用地面积与新增城镇常住人口的比值[①]）来看，北京、天津、上海、深圳均小

[①] 数据来源：城市住宅用地面积数据源自《中国国土资源统计年鉴》，城镇常住人口数据源自相关省（市、自治区）和地市（州、盟）统计年鉴及国民经济和社会发展统计公报。

于30m²，呈现"供小于求"特征，这在一定程度上能够解释这些城市近年来不断攀升的土地价格和房产价格。同时，山西西部、新疆中西部、四川西部、甘肃南部、云南南部、广西南部等地区也呈现"供小于求"特征；虽然这些地区的人口流入规模也较小，但仍快于居住用地的供给。而在另一端，内蒙古大部分地区、山东半岛、长三角外围地区则呈现"供大于求"特征，人均住宅供地面积多在100m²以上。内蒙古应当是由于资源型产业的过剩资本向空间生产领域的涌入，而长三角毗邻上海的地市则可能源于对上海空间价格外溢的预期，虽然这与长三角地区流动人口从核心城市向毗邻地市流动的趋向基本一致，但在流动人口向中西部"回流"出现加速的大背景下，仍可能具有一定风险。可以说，人口集聚与空间增长在不同地区表现出的"供小于求"和"供大于求"失衡是我国城镇化发展质量偏低的又一结构性特征。

2.5 小结与讨论

我国的城镇化经过十多年的快速增长后，已进入了调整阶段，并出现动力、空间、质量方面的结构性变动。

在动力方面，经济增长对城镇化中城镇人口增长的带动作用发生结构性转变，这一方面源于城镇化发展到一定规模后的边际下降，也源于技术进步对劳动用工状况的改变。因为，产业增长并非总是伴随着产业人口的增加，即使产业有较大增长且带动了社会的整体进步，但由于结构调整与技术升级等因素的作用，带动的产业就业人口可能有限，对于工业来说就更是如此。从经济类型和行业的视角来看，私营、个体以及外资等市场经济的快速发展已经成为了城镇化发展的核心动力，起到重要影响的行业则包括制造业、建筑业及各类配套公共服务业，此外，信息传输和软件业、租赁和商务业、金融业等新兴产业的较快发展也是促进城镇化发展的重要因素。

在空间方面，城镇化发展呈现横向时空上进一步加剧的"潮汐演替"与纵向空间分布上的"由底端向顶端过渡的两端集聚"特征。前者主要表现为流动人口在东部与中西部之间的常态化双向流动和越来越显著的"回流"现象,后者则表现为东部和中西部流动人口均加速向省会高层级城市集聚的特征。但从总量上看,中西部家乡县城和小城镇仍然同高层级城市一起,共同作为新转移城镇人口和回流人口的主要集聚空间。在以上因素的共同影响下,中西部的省会城市,以及围绕其形成的城市群和都市圈地区将是未来新增城镇人口的重要承载区,从而出现了以家乡附近县城和小城镇为主的第一代近域城镇化模式向以城市群和都市圈为依托的第二代近域城镇化模式的拓展。

在质量方面,一是体现为城镇化与非农化之间越来越突出的结构性失衡,而且东部的失衡更为明显,但失衡的程度已趋于弱化;而中西部的失衡问题虽然相对不明显,但却仍有进一步扩大的趋势;二是体现在人口集聚与空间增长之间的结构性失衡上,包括在不同地区之间出现了"供小于求"和"供大于求"的差异化特征。上述结构性特征不仅映射了数十年来经济社会发展的变迁,而且还显露出了快速城镇化背景下逐步积累的结构性问题,亟须通过新型城镇化的政策优化而加以应对与解决。

本章为识别我国城镇化进程中的结构性特征提供了一个相对系统性的认识框架,动力是城镇化发展的源头,空间是城镇化发展的外显,而质量则是新时期经济社会高质量发展对城镇化的更高要求。我国2021年末的城镇化率已提升至65%,在经济增长对城镇化的带动作用发生结构性变化的背景下,无论是根据城镇化发展的客观规律,还是世界各国各地区的发展经验,我国的城镇化再次发生大规模快速扩张的可能性已经很小了,而且65%的城镇化率中尚有相当一部分为待完成市民化转变的流动人口,这些也都是难以通过单一的经济增长和投资等外生性力量来改善的。在这种情景下,新型城镇化的动力结构势必应当转型,从传统的外生性增长为主模式逐步过渡到新的内生性优化协调为主模式。首先,应当进一步释放个体、市场、社会等主体在城镇化发展中的自下而上的力量,并从公共服务供给等方面提高发展质量;其次,则应当进行制度性的改革,破除影响释放内生性动力的各类要素、政策和制度壁垒,以此适应空间方面的结构性变动,解决质量方面的结构性问题,而这些均有必要对城镇化进程中的权利结构、资本积累与流动,及其与城镇化的关系做进一步的深入考察。

第 **3** 章

研究框架的建构：
权利、资本、劳动

本章首先对既有城镇化的理论框架进行了系统性的梳理。然后，在融合"要素"和"主体"两类视角框架的基础上，提出"权利—资本—劳动"禀赋结构研究框架。最后，对研究方法和数据支撑做了说明。

3.1　要素与主体：城镇化研究框架的理论流变与实证

从"要素"和"主体"两个视角对既有的城镇化研究框架进行梳理。"要素"视角包括基于古典结构主义、新古典主义，以及新兴古典主义提出的框架，主要关注城镇化中劳动力、资本等要素的流动规律以及要素间的关联性。"主体"视角则包括基于新马克思主义理论、新结构经济学等理论建构的框架，以及对城镇化中的结构性制度、政府角色、多主体互动等的实证研究。

3.1.1　"要素"的视角：从古典结构主义到新古典主义

1. 古典结构主义：刚性制度约束下的"要素"流动

（1）推拉理论。它是古典结构主义中最早和最简洁的理论之一，从城市拉力和农村推力两方面对人口的城乡迁移进行解释。拉力产生于城市中对个体或家庭的经济激励等有利因素，而推力则主要源自农村中难以改变的不利因素，如在经济社会起步阶段中普遍存在的贫困问题等。推拉理论源于Ravenstein（1885）的 *The Laws of Migration*（《移民的规律》）一文。然而，随着城镇化的不断演进和城乡社会的不断成熟，农村推力已不再仅仅源自贫困或是农业劳动生产率的低下，而是进一步包含了社会、制度等更为深层次的原因，简单研究推力本身越来越难以揭示劳动力流动背后的深层机制，城市拉力亦是如此。

（2）刘易斯城乡二元理论。城乡二元理论（Lewis，1954），在推拉理论基础上进一步发展，成为古典结构主义理论源流中的高潮，并在后续研究中不断得到补充。刘易斯城乡二元理论的假设与核心内容有：①将发展中国家的经济部门分为传统农业和现代工业两类部门；②传统农业部门受土地和技术水平限制，劳动边际生产率趋近于0甚至为负数，因而存在大量过剩劳动力，并长期处于无限供给状态；③在这种城市工业部门工资率长期高于农业传统部门，而农村又存在无限供给劳动力的状况下，农村劳动力便会在城市部门高工资的吸引下源源不断地向城市工业部门流动，并带动工业部门的资本积累，直至农业部门的劳动力由供给无限弹性状态转为供给缺乏弹性状态，即到达所谓的"刘易斯拐点"。在此之后，两部门的工资水平进一步在劳动力的流动下趋于收敛，由此完成由二元向一元的转型。

刘易斯城乡二元理论的核心假设在于对城乡两部门的严格区分以及对城市工业部门的制度激励和对农业部门的制度规制，而农村发展和产业活动对劳动力的吸纳却被忽略。针对此问题，Ranis和Fei（1961）认为日益提高的农业生产率和不断增长的农产品剩余规模是农村劳动力发生转移的先决条件，并指出如果忽视农业部门的发展，城乡二元结构向一元结构的转变将很难实现。Harris和Todaro（1970）在上述理论基础上，进一步考虑了城市部门中的失业和非正规就业问题。可以说，刘易斯城乡二元理论对二元经济向一元经济的转型过程给出了较好的解释。同时，也有诸多文献基于城乡二元理论对我国城镇化的进程开展了实证研究，关注的焦点主要包括区域间工资的收敛性、"刘易斯拐点"是否到来、我国农村是否还有大量待转移剩余劳动力等议题（Chan，2010；Knight et al.，2011）。此外，还有文献对城乡的二元划分做了进一步的补充，如"三元结构论""四元结构论"等（陈吉元 等，1994；胡鞍钢 等，2012；李克强，1991），在传统的城乡部门间又增加了农村工业部门、城市非正规经济部门等。

综上所述，刘易斯城乡二元理论为分析城镇化中劳动力、资本等要素的流动提供了一个与既定制度相联系的分析框架，即各类要素的流动均可处于政府等制度设计者的安排和计划之中，可以说是一种在刚性制度约束框架下的要素流动。然而，二元理论假设工业部门的资本积累能够持续扩大，并能够同步吸纳农村剩余劳动力，这不仅没有考虑Harris和Todaro（1970）做出修正的城市失业和非正规就业问题，也没有考虑资本边际收益递减对资本积累带来的影响、不同类型资本吸纳劳动力能力的差异，以及不同权利主体对资本积累进行的干预等因素。然而，我国城镇化进程中结构性特征的形成很大程度上源于制度性因素，包括城乡二元结构和农村集体所有制等，以及多元权利主体间的互动与博弈。因而，刘易斯城乡二元模型在纳入多元主体分析时存在一定难度，与我国城镇化发展的现实情景有所偏差，需对理论进行修正后才能够加以运用。

2. 新古典主义：市场化环境中的"要素"流动

（1）经典的新古典主义——"经济人"的自由流动。在个体理性决策和市场力量对城镇化中劳动力迁移影响不断增强的情景下，新古典主义逐步成为城镇化解释性研究所广泛应用的理论范式（赵民 等，2013a）。新古典主义在完全市场、信息完备、交易费用为零等前置条件的基础上，假设劳动力、资本等要素在市场经济环境中自由流动。而在城镇化的语境下，劳动力个体被假设为"经济人"，他们以经济效益最大化为主要目标，从低工资区域向高工资区域流动，直至工资水平趋于收敛。资本要素同样也在经济效益最大化驱使下，从资本利润率低的区域流向资本利润率高的区域，并直至各区域间的资本边际效率相等，即达至均衡（郭金龙 等，2003）。

可以说，经济激励以及由此产生的要素流动和收敛是新古典主义框架下城镇化研究文献的主要理论起点。既有文献对经济激励的研究可以归纳为"绝对高工资引力模型"和"相对剥夺模型"两类。"绝对高工资引力模型"将城镇化中的迁移解释为劳动力在追求绝对高工资过程中发生的空间位移现象。Jorgenson（1967）较早从理论层面基于新古典主义框架阐述了劳动力在城乡部门间的流动过程，并用生产函数进行了刻画。"相对剥夺模型"则将城镇化中的迁移解释为劳动力在进行一定比较后追求相对高工资而发生的空间位移行为，模型认为相较于对发达区域绝对高工资的追求，不同地区、不同群体之间的收入高低比较更能解释城镇化中的实际迁移现象（Stark et al.，1991）。在实证方面，随着中国改革开放后对区域间人口流动限制的逐步松绑，以及城市产业发展的大量劳动力需求，流动人口的跨区域迁移规模迅速扩大。面对这种接近于完全市场条件下的劳动力要素流动，古典二元结构的解释力逐渐下降，于是诸多文献均选择在新古典主义框架下开展城镇化研究，尤其是围绕其中的劳动力要素流动与城乡收入比较。此外，还重点探讨了户籍等制度性因素对人口流动、城市集聚经济、城市体系发育、城乡收入差距缩小等的负面影响（Chan，2012；Chang et al.，2006；Ge et al.，2011；Wan et al.，2020；Zhang et al.，2003；陆铭 等，2004）。

（2）从"经济人"到"经济家庭"。基于"经济人"假设，近年来的研究还将"经济家庭"视为城镇化决策中的主体，而且家庭在结构性制度的约束下表现出比单个"经济人"更为复杂的行为特征。如Zhu（2007）认为流动人口的暂居状态不仅是户籍制度的结果，而且源于移民工业部门对暂时劳动力的内在需求，以及移民家庭为了最大化经济收益并分散风险所做的最佳行为选择。其中具有代表性的文献是赵民和陈晨（2013a）提出的"经济家庭"和"不对称城镇化转移"模型，他们通过实证研究发现，在我国农村的集体所有制下，农村家庭在对家庭劳动力的市场获益能力进行综合权衡后，会对家庭中的每个劳动力进行最优市场配置，以使得家庭净收益实现最大化，从而形成市场获益能力高的青壮年劳动力外出务工，而市场获益能力低的劳动力留守农村以保有农村资产的"不对称转移格局"。该模型较好地解释了当下中国总体城镇化水平不高，但却面临劳动力供求关系"拐点"提前到来的悖论①。朱金（2014）还以上海郊区为案例，对"经济家庭"模型做了实证。

3. 新兴古典主义——基于分工和交易效率的城市化模型

在新古典主义范式基础上，杨小凯（2003）针对新古典框架中消费者和生产者截然分离以及忽视个体内生性的问题，建立了新兴古典主义经济学理论。杨小凯还基于专业分工和交易费用的一般均衡模型解释了城镇化过程，即"新兴古典城市化模型"，其理论逻辑为：分工和专业化演进在带来收益的同时会产生交易费用，二者会产生冲突，而这种冲突诱致的交易效率变化会引发城乡结构的变动和城市化的演进。具体来说，该模型包括对"城市集聚动力"做出解释的第一类聚集经济模型和对"规模效应"做出解释的第二类聚集经济模型两部分，二者均将城乡分野的出现视为分工和专业化演进的结果。第一类聚集经济的逻辑为：随着农业社会专业化水平的提高和剩余产品的增多，产品交换也随之增多，而为了降低交换中的交易费用并提高交易效率，人们在空间上进行集聚，城市随之出现，并随着交易规模扩大而出现增长。进一步地，当向城市集聚的交易费用逐渐高于集聚所带来的收益时，城市就会向外围低交易费用地区进行扩展，此即城镇化在空间上的扩张，城乡二元经济也会随此过程逐步

---

① 日本、韩国以及中国台湾地区城镇化发展中的劳动力供求关系"拐点"出现时的城镇化率水平要远高于中国大陆地区目前的水平，即他们的"拐点"预示着农村人口的基本转移完毕；而在中国大陆地区的经验中，农村尚有大量老少人口未进行迁移，因而在较低城镇化水平之时却出现了有中国特色的劳动力供求"拐点"，这种有中国特色的拐点是青壮年劳动力的拐点，而非西方市场条件下的个体转移拐点（赵民 等，2013a）。

趋于一元化。第二类聚集经济的逻辑为：空间上的集中会降低交通成本，并节省交易费用，从而提高交易的效率和收益。在以上基础上，赵红军（2005）做了进一步的分析，较为完整地建立了基于"交易效率"的转轨经济体城镇化分析框架。此外，韦亚平（2006）建立了人口城市化的均衡发展模型和人口与空间资源约束下的不对称城市化模型，与杨小凯的新兴古典城市化模型有相似之处。

　　综上所述，新古典主义范式将劳动力、资本等要素的流动放置在一个完全市场化和无障碍的环境之中，并且试图指导实践通过打破制度障碍而获得要素的自由流动，这为研究资本和劳动力要素的流动、配置过程提供了理论基础。然而，在真实的城镇化实践中，要素流动总是在一定的制度框架下进行，诸如户籍、土地、财政等制度，但这些制度又不如古典结构主义中的刚性制度那样处于静止状态，而是充满了多变性，并且会带来多元主体间的互动与博弈，这些均会对城镇化发展产生重要影响。如果单从"要素"视角或是仅在新古典主义框架下分析中国城镇化发展问题，可能无法捕捉市场、国家及社会主体相互关系在其中的独特角色（Zhou et al.，2019）。因而，要对城镇化发展及其中的结构性特征做出更为合理的解释，还需在"要素"视角的基础上加入对主体能动性的考虑。

3.1.2　"主体"的视角：政府角色与主体互动

1. 新马克思主义理论与主体间互动

　　新马克思主义理论不再将"要素"视为一个经济系统中的无意志元素，而是将其视为具有能动性的主体，各主体在社会中都具有权利意识并形成集体意识，在此基础上通过社会关系来塑造空间。

　　（1）城镇化中的空间生产——资本的内在危机和空间修复。在资本主义体系中，资本积累存在"生产与消费""高利润部门与低利润部门""资本主义部门与非资本主义部门""资本与劳动"等多对矛盾（哈维，2010，2014），而在新的社会发展背景下，城镇化发展尤其是其中的空间蔓延成为解决上述危机的主要途径之一，即资本主义内在危机的空间生产与空间修复。大卫·哈维就此提出了"资本三重循环"理论（Harvey，1985），"三重循环"中的第二重循环在生产空间、生活空间和运输空间中均会带来建成环境的扩展，从而使危机得以释放。具体来说，资本通过扩大再生产在生产空间中释放危机，通过刺激消费需求、抬高生活成本在生活空间中释放危机，通过投资运输空间来加快生产和生活空间中的危机释放速度，从而促进"时空压缩"。然而，空间修复并不能从根本上消除危机，只是将危机作了地理扩散和暂时性的消解（哈维，2010）。

（2）城镇化中的社会关系重构。空间生产理论不仅将空间视为危机释放的渠道，还进一步关注了社会关系的重构问题，并将危机释放视为社会关系变革和权力重置的过程（Lefebvre，1991；熊敏，2011；哈维，2010）。列斐伏尔首先在社会学中引入了空间概念，认为空间并非绝对的自然空间，而是内嵌了社会关系的社会空间（Lefebvre，1991）。他还提出，社会空间是在多个权力和权利主体互动过程中形成的，这些主体包括跨国公司、国家和地方等，相应的空间也包括全球化空间、国家空间和地方空间等形式。多主体的互动会导致空间的同质化、分离化和等级化，进而产生地理的不平衡。之后，哈维进一步扩展了列斐伏尔的"三重社会空间"理论，并认为多个主体在空间生产中产生的不均衡会导致群体之间的"夺取式积累"（哈维，2008）以及主体间的对抗、编码和空间再生产，进而引发社会结构重构（哈维，2013）。哈维的解释其实为列斐伏尔的三重社会空间中不同主体间的互动和斗争找到了媒介，这个媒介即是"空间生产"过程以及内含了社会关系的"空间"本身，由此社会空间被解释为推动社会发展的重要载体和媒介（哈维，2008）。

2. 新结构经济学：政府对要素流动的引导与干预

林毅夫（2012）提出的新结构经济学极为强调制度因素，尤其是政府在经济发展中的作用。新结构经济学将经济发展视为一个技术不断创新、产业不断升级、基础设施不断完善的阶段性结构变迁过程，且在不同阶段会呈现差异化的要素禀赋结构，即劳动力、资源、资本、技术等要素的组合方式。然而，由于市场失灵的存在，由低层级要素禀赋结构向高层级要素禀赋结构的升级并不会自发出现，而是需要借助于政府的干预。可以说，新结构经济学为政府在市场中的政策干预提供了理论支持，但目前基于新结构经济学框架的城镇化和劳动力迁移研究文献还不多见。可以说，新结构经济学所强调的政府调控为解释城镇化进程中结构性特征的制度性成因和政府在其中的作用提供了理论支撑；

而且新结构经济学理论中的要素禀赋结构模型同时包括了资本和劳动要素，这又为解释城镇化进程中的劳动力要素和资本要素流动创造了条件，因而新结构经济学理论对本研究具有借鉴意义。然而，新结构经济学更为强调政府自上而下的结构性调控，对自下而上的能动性及不同主体间的互动考虑较少，这可以从进一步加入对多元主体互动的分析上予以补充。

3．对结构性制度和政府角色的实证研究

诸多文献很早就注意到了城镇化中结构性制度尤其是政府的作用，认为城镇化并非完全市场化下的自由经济过程，制度对城镇化的影响很大（Henderson et al.，2007），尤其是在中国语境下更是如此（Ades et al.，1995；Zhang，2008；沈建法，2000）。而且，制度的影响还有阶段上的差异，如刘传江（2002）分别用优先–滞后模型与外围–内生模型分析了我国计划经济和市场经济转轨时期差异化的城市化制度安排。还有文献从不同角度细化了制度在城镇化发展中的角色。如何鹤鸣和张京祥（2011）将制度具象化为政府主导与干预，并将我国政府主导下的城镇化发展分为压抑型、恢复型、扩张型等阶段，并对政府主导城镇化发展中的各类问题与政府治理创新做了探讨。陈浩等（2012）构建了城镇化供求均衡理论模型，认为城镇化中的供求关系决定了城镇化的发展格局。在此基础上，他们还提出了"制度盈余"的概念，即通过户籍等制度的设定而节省的公共支出额度，这种盈余可克服发展中国家城镇化供给动力不足和需求释放无法调控的问题。

此外，也有诸多文献发现政府在城镇化发展中有负面效应。如Sha等（2006）认为我国城镇化发展目前存在的各类问题源于过度依赖GDP导向的增长主义、城乡二元结构、不完善的地方评估体系，以及相关制度与法规设定等；Riezman等（2012）也发现，移民壁垒政策、贸易和资本壁垒政策均会影响到城镇化的发展。而且，曾经出现的工业化优先发展战略、严格的户籍制度和人口流动控制、反城市倾向等，均对城镇化的发展有不同程度的负面影响（Au et al.，2006；Chang et al.，2006；Zhang et al.，2003）。

4．对城镇化进程中多主体互动的实证研究

既有文献在多个尺度上对城镇化进程中的多主体互动特征及机制开展了实证研究。

（1）在宏观尺度上。范凌云（2015）从社会空间视角探讨了苏州乡村城

镇化的发展历程及特征变化，认为其中存在"空间与产业结合—空间与资本结合—空间与权力结合"三阶段的过渡，而城镇化中的利益分配也同时经历了"农民为主，政府很少—外资业主为主，农民很少—政府反哺农民，趋于均衡"的阶段性变化；王旭等（2017）基于资本积累理论分析了我国不同时期城镇化发展中地方政府、资本、公民等主体之间的多元化关系，并认为20世纪90年代后形成的传统城镇化模式是以权力为核心、以资本为依托、以空间为主线来推进的，资本和权力结合的增长联盟对公民的各项权利有所挤压；王世福等（2018）探讨了地方政府在城镇化发展中的"中间者"角色及其推动机制，认为这种"中间者"的行为受到上层制度框架约束、下层地方主义渗透和自身利益诉求三方面因素的共同影响，表现出"上下浮动"的阶段性行为特征；杨宇振（2014）基于哈维资本三重循环理论，对我国1978年以来三次重要的城市化政策调节进行了实证，并探讨了城镇化中的"国际与国内""中央与地方""城市与乡村""公与私"间的空间关系。

（2）在中观尺度上。彭恺（2015）从空间生产视角建立了转型期中国新城空间生产行为的分析框架，探讨了中央政府、地方政府、国际国内资本、新城移民等多元主体在新城建设与发展中的行为方式及阶段性变化；冯艳等（2013）从权力变迁视角解析了地方各级政府间博弈在武汉城市簇群式空间结构形成过程中的角色及机制；梁晶等（2014）以南京高新区选址、规划和建设发展为例，说明了政府权力、资本、大学等多种力量对城市空间的干预与影响；刘悦美等（2021）研究了村庄内部力量推进、地方政府主导、多元主体推进、市场自主运作四类就地城镇化模式中，政府、地方企业、村集体等多元主体的作用机制；Qiang和Hu（2022）以北京市内的人口流动为实证，探讨了资本与政府力量在不同阶段对城市内部人口流动的影响。

以上对"要素"和"主体"两类理论框架与实证研究的梳理表明，目前的城镇化研究或从古典结构主义范式向新古典主义结构范式转型，强化了对要素流动的分析；或是关注城镇化进程中各类权利主体及其互动的作用，尤其是各级政府在其中承担的角色。这些均为建构本书的研究框架提供了启示，即可将"要素"视角下劳动力、资本的分析思路与方法，与"主体"视角下的多元权利主体互动、要素禀赋结构框架等进行融合。

3.2　研究框架建构："权利—资本—劳动"禀赋结构

　　本研究在融合"要素"和"主体"视角框架的基础上提出"权利—资本—劳动"禀赋结构的研究框架，认为城镇化是不完全市场条件下兼具市场属性和社会属性的演变过程。市场属性体现为城镇化进程中的资本、劳动力个体及家庭等要素在遵循市场性规则的情景下在区域间进行流动，对应基于文献归纳的"要素"框架；社会属性则体现为城镇化进程中政府、资本及市场、劳动力个体及家庭等多元权利主体的互动、博弈及其空间生产，对应基于文献归纳的"主体"框架（图3-1）。

图3-1　城镇化的市场属性与社会属性

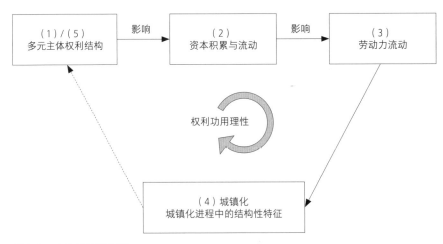

图3-2　本书的研究框架

　　具体的解释逻辑为（图3-2）：

　　（1）城镇化中存在政府、资本及市场、劳动力个体及家庭等多元权利主体。各个主体均享有法定的或习俗的社会权利；在既定的权利结构下，各类权利主体均在权利功用的理性驱动下开展活动，如政府会通过制定制度、政策，或直接投资生产来实现其施政目标；资本及市场会通过各类投资决策、生产组织等权利来获取利润；个体及家庭则会通过投票就业、消费及空间迁移等途径来"用脚投票"，并实现收入与福祉增加社会流动以及诉求表达等目标。

（2）在一定的权利结构下，多元主体会在其不同的权利功用理性驱使下进行互动与博弈，并影响到资本积累和流动的规模、速度及空间格局，由此会造成不同区域间资本回报率的差异，这种差异会促进资本在区域间进行流动。

（3）资本在不同区域间的流动会影响个体及家庭的跨区域流动特征。

（4）个体及家庭的跨区域流动，则会促进城镇化的发展及其结构性特征的形成。

（5）城镇化及其中的结构性特征又会通过空间资源的再配置促进多元主体权利结构的重构，而新的权利结构则会继续影响资本和劳动力要素在空间中的积累和流动格局，并诱发新的城镇化发展及新的结构性特征。

本研究主要关注的是城镇化进程中的结构性特征，主要涉及上述逻辑过程中的（1）～（4）部分。

其中，资本积累与流动的解释逻辑为：在充分市场环境中和权利功用理性的驱动下，资本总是倾向于流动到回报率（或利润率）较高的区域（郭金龙 等，2003）。资本回报率在规模经济和空间报酬递增效应下随资本积累规模的扩大而上升，但当资本积累达到一定规模后，又会在资本边际报酬递减、空间拥挤效应等因素影响下出现下降，因而资本回报率的变化可抽象为一条倒U形曲线（图3-3a）。而且，在技术进步、制度创新等因素的影响下，资本回报率在相同资本积累规模下会出现提升，即倒U形曲线的拐点会出现推迟（图3-3b）。因而，由于资本积累规模、技术进步与制度创新等环境的差

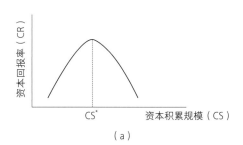

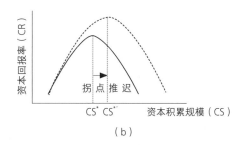

（a）　　　　　　　　　　　　　（b）

图3-3　资本回报率倒U形曲线及其移动

异，不同区域间会出现资本回报率的差异，并引发资本的跨区域流动，直至区域间的资本回报率趋于收敛。可以说，城镇化是一个伴随资本跨城乡流动并趋向于区域间资本回报率均衡状态的过程。

劳动力个体及家庭流动的解释逻辑为：在充分市场环境下，资本的投入可创造出就业岗位，并提高个体及家庭的潜在收入和增进社会流动。因而，个体及家庭会在其权利功用理性驱使下追随资本流动而发生跨区域的迁移，这体现出劳动力迁移中的经济性因素。然而，伴随权利结构的演变，个体及家庭的权利功用理性又会逐步由单一的经济目的转为同时权衡社会目的、地理区位以及更为综合的生活满意度等因素，并由此综合影响其空间迁移行为。

此外，政府的政策干预还会对资本积累和流动，以及劳动力个体及家庭的流动产生影响，具体的解释逻辑为：一类是正向干预，政府提出的各类政策会促进特定区域的技术进步和制度创新，从而使得这些区域的资本回报率在相同资本积累规模下出现提升，并推迟倒U形曲线拐点的出现时间（图3-3b），进而影响区域间的资本与劳动力要素流动；另一类是负向干预，政府会通过各类空间管制措施来对特定区域进行相对性的管控，使得资本回报率在相同资本积累规模下出现下降，即倒U形曲线拐点的出现时间提前（图3-4），并继而影响资本和劳动力要素的流动特征；还有一类负向干预即出于地方保护主义的目的，通过制度和政策的设定来阻碍或减缓要素在区域间的自由流动。

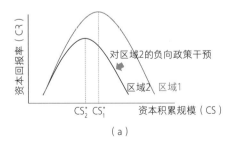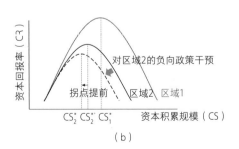

图3-4 政府空间管制对资本回报率倒U形曲线的影响

3.3 研究方法与数据支撑

按照研究框架，本研究的实证部分包括"权利结构演变与城镇化发展""城镇化发展中的资本积累与流动""资本积累的城镇化效应实证"三部分，各部分的研究方法与数据支撑如下：

（1）权利结构演变与城镇化发展：主要采用政策分析的方法，在对相关政策文件及文献的文本分析和解读基础上进行定性分析。

（2）城镇化发展中的资本积累与流动：在定性分析的基础上引入部分定量方法，包括相关指标的定量描述性分析、储蓄—投资相关性检验（F-H法）、资本回报率计算等。

（3）资本积累的城镇化效应实证：主要运用多元回归模型（OLS），以检验资本积累对城镇人口增加及城镇化发展的影响机制和阶段性变化。

研究时段主要为2000年后，并进行一定的历史回溯。研究空间主要包括全国、东/中/西部、8个大区①、省（市、自治区）等多个尺度，并将各年份行政区划对标到2014年，同时还按照研究需要换算了部分经济指标的2000年不变价格。经济指标的2000年不变价格根据其当年价格与相对于2000年的全国GDP指数计算得到，全国GDP指数源自《中国统计年鉴》。

本研究的各类数据主要源于各类统计年鉴和普查资料，包括《中国统计年鉴》《中国人口和就业统计年鉴》（2007年前为《中国人口统计年鉴》）、《全国分县市人口统计资料》《中国城市建设统计年鉴》《中国固定资产投资统计年鉴》（2013年为《固定资产投资统计年报》，2020年为《中国投资领域统计年鉴》）、第五次/第六次/第七次全国人口普查公报和各地人口普查资料、各地国民经济和社会发展统计公报等。

---

① 8个大区为华北（北京、天津、河北、山东）、中北（山西、陕西）、东北（辽宁、吉林、黑龙江）、华东（上海、江苏、浙江）、中南（安徽、江西、河南、湖北、湖南）、华南（福建、广东、广西、海南）、西南（重庆、四川、贵州、云南）、西部（内蒙古、甘肃、宁夏、青海、新疆、西藏）。

3.4 小结与讨论

　　不同于欧美的"市场化推进"城镇化模式和日韩的"政府引导和弥补+市场化推进"模式，我国的城镇化进程中既有劳动力、资本等要素的市场化自由流动，也有政府的积极引导和管控，而且还内含有各级政府、资本及市场、劳动力个体及家庭等多元主体的互动与博弈；这些因素共同交织出我国复合型的城镇化发展模式，并使得我国城镇化进程中的结构性特征也同样内含了市场性和制度性的双重因素。既有文献已经从多个视角对城镇化进程中的结构性特征做了分析与解释，但仍缺乏一个统领性的研究框架。因而，本章在从"要素"和"主体"两个视角梳理并评述既有城镇化研究框架的基础上，对两类视角进行了融合，提出"权利—资本—劳动"禀赋结构的研究框架，并对城镇化进程中资本、个体及家庭在特定权利结构下的空间流动逻辑和各类权利主体尤其是政府在其中的作用做了理论建构。

　　此研究框架旨在契合我国城镇化发展的复合型模式，将要素的自由流动逻辑和权利主体互动逻辑，以及制度性的影响较好地加以统合。城镇化进程中的各类结构性特征正是在要素流动、主体互动、政策干预、制度影响的多元作用下逐步积累并形成的。

第 **4** 章

权利结构演变与城镇化发展

特定时期的权利结构是城镇化发展及结构性特征形成的制度性环境与基础性力量，会深刻影响城镇化进程中各类权利主体间的互动过程，并引发资本、劳动力等要素的空间流动与积累，进而形塑城镇化的结构性特征。本章首先从财政投资、地方区划、人口流动三个视角总结我国权利结构演变的阶段性历程，然后着重就权利结构变化对城镇化进程中资本流动与积累、劳动力个体及家庭流动，以及空间格局的影响进行阐释和讨论。

4.1 权利结构演变的既有研究

既有文献从多个视角对我国社会权利结构的演变做了阶段性分析。

（1）从央地财政关系变迁的视角，因为央地财政能力对比直接反映了中央与地方的事权关系。项怀诚（2009）将我国央地财政关系分为中央计划的统收统支（1949—1978年）、财政包干（1979—1992年）与分税制（1993年至今）三个阶段；陈硕和高琳（2012）在此基础上进一步细化了1978年前的央地财政关系变化，具体分为1949—1957年的中央财政集中阶段、1958—1960年的全面向地方放权阶段、1962—1976年的财政重新集中化阶段、1980—1993年的以分权为主的财政包干阶段，以及1994年后的以财政权力上收为主的分税制阶段；陈旭和赵民（2016）则将改革后的发展分为"放权和承包""分权和集权"两大阶段——前者以农村家庭联产承包责任制确立、地方财力不断增强，以及城镇化的快速发展为标志，后者则以分税制和政治锦标赛基础上的分权与集权混合为标志。综上所述，对分税制前的财权结构变化，既有文献均认为存在从集权向分权的发展，而对分税制后的财权结构演化的认识则存有一定差异，部分文献认为以财权集中化为主，也有文献认为是兼有集中和分权的混合状态，这种混合模式既激发了地方活力，又保留了中央干预地方的权力，尤其体现在中央对地方的税收汲取与统筹性转移支付方面（周飞舟，2012）。

（2）从地方行政区划和城市建制制度演化的视角。如罗震东（2005）分析了伴随中央与地方间事权调整过程而出现的"市管县""强县扩权""撤县设市""撤县设区"，以及"地区"的虚实变化等地方行政区划调整过程，以及在这些改革带动下所形成的梯度分权城市格局。

（3）从多元主体权利关系的视角，已有文献对城镇化和城乡发展中政府、资本、公民间权利关系的阶段性变化做了研究，并认为资本和权力的结合对公民的各项权利存在一定挤压（王旭 等，2017）。

（4）从综合的视角。如朱旭峰和吴冠生（2018）认为我国的央地关系复杂且充满了灵活的动态调整，包括渐进式、有选择、差异化的集（分）权形式，并主要体现在政策调整的适应性、不同政策的异质性和政策工具的多样

性等方面。而且，我国的行政分权结合了财政上的分权和政治上的中央集权
（Blanchard et al.，2001；Qian et al.，1998），这成为地方政府土地开发行为的
重要诱因，进而影响到城镇化的发展（Tang et al.，2021）。

总体而言，目前文献较多关注中央和地方间的事权结构变化及其在空间上
的反映，同时也关注了地方政府在城镇化发展尤其是空间扩张中的作用，自上
而下的特征相对明显，而将各级政府、资本及市场、劳动力个体及家庭等多元
权利主体放置在一个统一框架中，并从权利关系变化视角阐释其对城镇化进程
影响的研究还相对较少。

4.2 多视角的权利结构演变历程

在既有文献基础上，从财政投资、地方区划和人口流动三方面对我国社会权
利结构的演变历程做多视角的分析。财政投资视角主要探讨中央与地方间的财权
结构及变化，地方区划主要反映不同层级地方间的权利结构变化及其在空间上的
映射，人口流动视角则主要探讨劳动力个体及家庭在权利结构中的地位变化。

4.2.1 财政投资视角的权利结构演变：中央与地方

考察1953—2019年中央和地方财政收支占比变化（图4-1、图4-2），可发
现明显的阶段性特征，以下结合陈硕和高琳（2012）以及范子英（2010）的研
究进行阐述。

1. 1953—1957年："统收统支"下的中央集中财政阶段

1949年后，中央政府颁布了一系列旨在强化中央政府财政统一调度权力的
政策[①]，规定地方财政收入统一上缴中央，地方财政支出也统一由中央拨付，

---

① 包括1950年陆续发布的《关于统一全国税政的决定》《关于统一国家财政经济工作的决定》《关
于保证统一国家财政经济工作的通知》等（陈硕 等，2012）。

图4-1 中央与地方财政收入（一般公共预算收入）占比的变化（1953—2020年）

数据来源：《中国统计年鉴》

图4-2 中央与地方财政支出（一般公共预算支出）占比的变化（1953—2020年）

数据来源：《中国统计年鉴》

地方财政收支两条线互不挂钩。在这样的集权化调控下，中央财政收入与支出的占比均在70%以上。这种集中式的财政收支结构有利于中央进行全国性的统筹，但不利于调动地方积极性，同时也影响到了全国财政收入的增长。

2．1958—1979年：两次分权尝试及其修正

（1）1958—1960年：第一次分权的尝试。

据文献记载，"一五"计划完成后，中央指出地方财权过小不利于社会主义建设，于是开始了第一次分权化改革（范子英，2010）。根据1958年陆续颁布的《关于改进税收管理体制的规定》《关于改进计划管理体制的规定》等政策，统收统支的"收支两条线"改为"收支挂钩"和"以收定支"模式，并在1959年后进一步将"以收定支"改为"收支下放、计划包干、地区调剂、总额分成"，由此开始了第一次地方包干制尝试，即将企业收支责任均划归地方，而中央按照一定比例分享地方收大于支的部分（范子英，2010）。这一改革带来了央地收支结构的剧烈变动，地方财政收入占比从1958年的20%快速上升到1959年的76%，同时地方财政支出占比也由1957年的29%快速上升到1958年的56%。在这次分权后，中央收支占比再未回到1958年前那种中央占绝大多数的状态。由于地方的积极性被调动，地方财政收支额快速上升，实现了地方财力的迅速扩张和资本积累的起步。但中央财政却出现了收入占比下降、支出占比上升的局面，说明中央还承担了较多的公共事务供给责任，即此阶段的分权在一定程度上已影响到了中央财力统筹协调能力的发挥。

（2）1961—1966年：对第一次分权的纠正。

第一次分权虽然充分调动了地方积极性，但也引发了诸多问题，促使中央不得不再次调整与地方的关系，于是开始收回之前下放的部分权力（陈硕 等，2012），由此体现为财政上的再次集中化。中央政府重新成为财政收支的主导者，"收支下放"模式又回到了1958年前的"收支两条线"，地方财权被大幅削减。在该时期，中央财政收支占比均有提高，而地方财政收支占比则出现下降，但就收入占比来看仍比中央高很多。

（3）1967—1979年：第二次分权的尝试。

经过前一时期的调整，中央财政收支占比均有一定提升，但在1966年后又开始了第二次分权尝试，大量企业自1971年开始被下放。当时中央不再详细规定地方政府的支出项目，而是采取资金支持与地方包干相结合的模式（范子

英，2010）。该时期，地方财政收支占比均有所上升，而中央财政收支占比均有所下降，这显示了分权化带来的激励，而中央却仍然面临财力有限的问题。

3．1980—1993年：“财政包干”制度下的进一步向地方分权

两次分权化尝试后，中央财政收入占比降至历史低点。如何既能调动地方积极性从而把“蛋糕”做大，又能使得中央分得更多收益，是当时财政体制改革的重点，于是开始实施中央与地方间的“财政包干”及“增量分成”制度。在此阶段，财政收入的央地占比关系虽有波动，但总体上相对平稳，财政支出的央地占比则出现中央显著下降而地方显著上升的特征。可以说，“财政包干”制度激发了地方的积极性，带来了税基的扩大和经济的整体性快速增长，但同时地方也面临更大的公共支出压力，从而也就出现地方通过各种方式尽量压缩这部分开支的问题。

4．1994年以来：分税制下的集权与分权交织

为提高中央财政收入占比，1994年进行了分税制改革，中央从地方回收了诸多重要领域的经济管理权。“分税制”将央地间包干和总量分成的做法调整为按税种分头管理的方式，将税收分为中央税、地方税和共享税，大多数容易征收和征收额较大的税收均划归中央或是中央地方共享。分税制使中央财政的汲取能力有了显著提高，财政收入占比也从1993年的22%跃升至1994年的56%，并在之后长期保持在50%左右。分税制改革使得中央有财力和能力平衡和协调地方利益，从而实现了财政经济上的集权。而且，同期加强的任期考核制度和“锦标赛”制度，以及掌握在中央手中的财政转移支付和土地指标分配权等，还进一步强化了这种自上而下的集权。在分税制下，中央财政支出占比不断下降，说明地方承担了大量的财政支出责任，如公共服务是其中很大的一部分。但与此同时，分税制改革将土地出让收入划归了地方，虽然当时这部分收益并不显著，但在土地和住房商品化改革的带动下，土地出让收入逐渐成为地方政府的主要经济来源，极大地提升了地方政府在权利结构中的地位，如此看来又形成了分权之态，并与集权相交织，但这种分权存在强烈的城市倾向（Tao et al.，2009）。

此外，投资制度的变革与财政制度的变化紧密联系，经历了高度集中统一的投资体制（1949—1957年）、投资体制的第一次行政性分权（1958—1960年）及随后集中统一投资体制的恢复（1961—1965年）、投资体制的第二次行政性

分权（1966—1976年）及随后的投资体制再次重建（1977—1978年）、投资体制改革的初步尝试（1979—1984年），以及后续的投资体制改革深化等阶段（沈山州，2003）。在此过程中，投资主体逐步多元化，实现了较为充分的市场化放权，体现为分权特征，具体包括企业与政府的分离、基本建设项目投资决策权的下放、外企的进入并逐步成为投资主体、政府角色的变化、金融机构进入投资领域等。同时，国有企业实现了改制并逐步成为重要的投资主体，这又体现了集权之态，从而也表现出集权与分权相交织的格局。总的来看，投资制度层面的央地事权关系同样经历了"集权—分权—集权与分权交织"的演变历程。

4.2.2 地方区划视角的行政体制演变：地方与地方

除央地之间的权利结构外，地方也存在不同行政层级间权利结构的复杂变动，并集中表现在"市管县""撤县设市""撤县设区""省直管县"等地方行政区划的变动上。根据对罗震东（2005）、张立（2010）博士论文中相关内容以及相关法规和文件的梳理，对地方区划视角的权利结构演变阐述如下：

1. **"地区（专区①）"的逐步实化与"市管县"改革：向地级市的分权**

（1）"地区"的第一次由虚转实与第一次"市管县"改革。全国人大于1959年9月出台了《关于直辖市和较大的市可以领导县、自治县的决定》，正式提出"市管县"体制，这应当是为了配合当时中央向地方的分权改革而提出的。在此制度下，"市"的地位上升，行政权力扩大，实现了"地区"由虚到实的初次转变，这体现了中央和省向地级市层级的分权。然而，"市管县"体制在1961年后的调整中被暂停，总的城市发展政策也开始转为"控制城市数量，停止市领导县体制的推行，逐步恢复被撤并的县、专区"。而且，根据中共中央、国务院1963年发布的《关于调整市镇建制，缩小城市郊区的指示》，当时还撤销了不合条件的市，之前一些由虚转实的"地区"又被重新虚化，从而又体现出向中央和省级行政主体的集权。

---

① 专区即为地区的前身，以下为表述方便，统称为地区。

（2）"地区"的第二次由虚转实与行政区化。在20世纪60年代中期后，专区改为地区，后又改为地区革命委员会，"地区"实则已转变为省与县之间的一级正式行政主体，从而再次实现了"地区"的由虚转实（罗震东，2005）。这段在特殊背景下的"地区"实化已经将诸多地方权利集中到了"地区"即日后的"地级市"这一行政主体，再次实现了中央和省向地级市层级的分权，并为日后的进一步"实化"奠定了基础。

（3）"地区"的进一步实化与第二次"市管县"改革。改革开放后，为了发挥中心城市对周边地区的带动作用，并推进城乡一体化发展，开始了进一步的大规模"撤地设市"和"市管县"改革。"地区"这一名称虽逐步消失，但其实是"地区"行政层级以"地级市"形式的"实化"与进一步的分权，并成为实际行政管理中的重要一级，虽然我国现行宪法并未明确将地级市作为行政区划的正式层级。而且，"市管县"改革一直持续至今。截至2021年底，全国333个地级区划中地级市有293个，占到了88%。

综上所述，"地区"的逐步实化和"市管县"改革提升了地级市在立法和行政事权方面的地位，可以视为一种中央和省向地级市行政主体的分权。

2. "撤县设市""撤县设区"与"省直管县"：分权与集权的交织

（1）"撤县设市"自20世纪80年代初开始推行，在国务院《关于调整设市标准和市领导县条件的报告》（1986年）颁布后，出现了第一波"撤县设市"的高潮。之后，民政部又于1993年对设市标准进行了调整，并引发了第二波的"撤县设市"。从事权关系变动的角度来看，"撤县设市"对应于"市管县"，体现了向县级主体的分权和由市向省的收权，但在实际运作中县级市基本由地级市"代管"。

（2）"省直管县"改革开始于21世纪初，是针对地方多层行政架构效率下降且县域经济活力偏低问题而出台的。"省直管县"对地方的影响类似于"撤县设市"，同样体现了向省的集权以及地级市的事权减少。

（3）"撤县设区"最早开始于20世纪90年代后期，大规模则开始于2000年后，并持续至今。"撤县设区"在"市管县"的基础上，进一步强化了地级市的行政权力，形成了地级市相对于上级行政主体的进一步分权，这与"撤县设市"和"省直管县"体制形成对应之态。

综上所述，从地方行政区划变革的视角来看，不同层级地方政府间的事权结构经历了不同形式的集权与分权，最为突出的就是地级市在行政体制中的地位上升，以及不同区域的县级主体在行政体制中的地位升降。

4.2.3 人口流动视角的权利结构演变：流动权利的逐步提升

根据对既有文献（张立，2010；严士清，2012）及相关政策的梳理，可将人口流动视角下的权利结构演变分为以下几个阶段。

（1）1949—1957年，户籍制度逐步建立，流动权利开始降低。1951年7月公安部颁布的《城市户口管理暂行条例》主要强调户口的人口登记和服务管理职能，并未直接提及对人口流动的限制。但自20世纪50年代中期起，在赶超发展战略的成本压缩要求和当时总供给仍然相对有限的情况下，限制农村人口在城乡间流动的二元户籍制度逐步建立。尤其是1953年4月政务院颁布的《关于劝止农民盲目流入城市的指示》，开始对农村人口流入城市施行控制。同年10月，开始实施的粮食统购统销计划[①]进一步为城乡二元户籍制度的正式确立和城乡人口流动限制创造了条件，而且还在后续一系列户籍管理和城乡人口迁移控制政策[②]下得以强化。

（2）1958—1977年，户籍制度强化，流动权利仍然较低。《户口登记条例》于1958年出台，对1953年以来的一系列人口流动控制政策进行了制度化，明确提出公民由农村迁往城市必须有城市劳动部门录用证明、学校录取证明和城市户口登记机关准予迁入证明三者之一，并规定暂住时间为3个月。限制人口流动的城乡二元户籍制度就此正式形成，并与就业、粮食、教育、医疗、社保等配套制度共同发挥效力。

（3）1978—1983年，户籍制度局部调整，流动权利逐步提升及落户条件逐步放开。1978年改革开放后，乡镇企业的快速发展对劳动力的需求日渐增长，加之劳动生产率的提高也释放出大量农村劳动力，多层面的因素使得农村居民

[①]《关于试行粮食的计划收购与计划供应的决议》（1953年10月）。
[②]《关于防止农村人口盲目外流的指示》（1956年12月）、《关于防止农村人口盲目外流的补充指示》（1957年3月）、《关于制止农村人口盲目外流的指示》（1957年12月）。

向城市流动的渠道被逐步打开，且流动规模逐步扩大。然而，此时城乡二元户籍制度的刚性依然较强，只是对"农转非"的指标做了一定调整，而大量进城务工人员仍然无法取得城镇户口，从而形成城镇内部不断强化的二元户籍格局。

（4）1984年至今，户籍制度递进式改革，流动权利进一步提升。随着城市经济发展对劳动力需求的进一步增长，更大规模的劳动力流动在多个尺度上出现，客观上要求对严格的城乡人口流动控制政策和二元户籍管控制度进行调整。在此背景下，我国的户籍制度改革首先从小城镇开始，国务院于1984年10月发布了《关于农民进入集镇落户问题的通知》，支持有经营能力和技术专长的农民进入集镇经营工商业并予以落户，但需要自理口粮。政策的出台带来了一定数量的农民落户，但鉴于速度过快的局面，后续又进行了一定的调整和收缩。之后，出于解决户口需求过多而"农转非"指标过少带来的矛盾，国务院及各部委又陆续颁布了一系列政策，如创设"蓝印户口"等特殊政策[①]。到2001年3月，国家基本放开了小城镇的落户限制，这标志着小城镇户籍制度改革的基本到位（张立，2010）。

在城市方面，户籍制度改革始于1992年创设的"蓝印户口"政策，到1998年逐步放开在城市投资和就业人员以及亲属的落户限制[②]，2003年后又在全国大中城市开始了一轮统一城乡居民户口和推行居住证制度的改革，使得大中城市的户籍制度改革有了实质性的进步。到2014年，国务院出台了《关于进一步推进户籍制度改革的意见》，提出"取消农业户口与非农业户口性质区分以及由此衍生的蓝印户口等户口类型，统一登记为居民户口，体现户籍制度的人口登记管理功能"，从而使得户籍制度逐步回归到了其建立之初的功能设想。在操作层面，采用分层级的户籍放开政策，即少数超大特大城市仍然严格管控户口指标，但其他大部分城市逐步放开。截至2021年底，政策层面已经全面取消了人口300万以下城市的落户限制；全面放开了人口300万～500万Ⅰ型大城市的落户限制并取消对重点人群的落户限制，同时还鼓励有条件的Ⅰ型大城市全

[①]《关于实行当地有效城镇居民户口制度的通知》（1992年8月）。
[②]《关于解决当前户口管理工作中几个突出问题意见的通知》（1998年6月）。

面取消落户限制；此外，还要求人口500万以上的超大特大城市进一步完善积分落户制度，并差别化制定超大特大城市主城区、郊区、新区的落户政策。

综上所述，经过一系列的户籍制度改革，城乡间人口流动的限制大幅减少，有效提高了劳动力个体及家庭的空间流动权利，从权利结构视角看则是向基层与个体的分权化转型。

4.2.4　小结

以上三方面的分析表明，社会权利结构演化基本呈现由集中向分权过渡，后续又体现为集中与分权相交织的过程（表4-1）。其中，不仅经历了纵向上中央向地方的分权和再次局部集权化，以及不同层级地方政府伴随行政区划改革而出现的分权与集权，也经历了多级政府向资本及市场、劳动力个体及家庭的逐步分权。伴随此过程，初期的集中式权利结构和政府内部的分权结构，逐步演化为以中央与地方间垂直行政体系为核心的近似网络化分权结构，以及网络化的分权和集权混合结构（图4-3）。

多视角下的权利结构演变　　　　　　表4-1

阶段	财政投资视角	地方区划视角	人口流动视角
1949—1957 年	集权 （统收统支下的中央集中财政）	—	集权 （二元户籍制度建立，严控城乡人口流动）
1958—1977 年	分权与集权 （两次分权尝试及纠正）	对地级市的分权与集权 （"地区"的两次实化和逐步行政区化，初步推行市管县和后续的暂停）	分权 （二元户籍制度强化，进一步严控城乡人口流动）
1978—1993 年	分权 （财政包干制下的进一步向地方分权）	对地级市、县级主体的同时分权 （"地区"的进一步实化，全面推行市管县，第一波撤县设市）	分权 （户籍制度局部调整，流动权利逐步提升，不同规模城镇的落户条件逐步放开）
1994 年至今	集权与分权 （分税制下的集权与分权交织，以及中央对转移支付、土地指标等的控制）	对地级市的同时分权与集权 （第二波撤县设市，以及撤县设区、省直管县改革）	

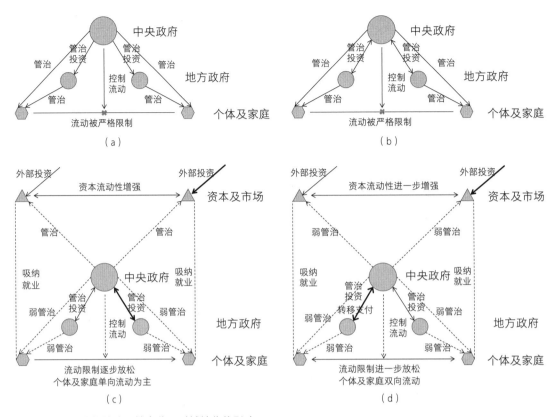

图4-3   权利结构的阶段性变化及对城镇化的影响

4.3   权利结构变化对城镇化发展的影响

4.3.1   集中式和政府内部分权结构下的低位均衡型城镇化

　　中央与地方间在中华人民共和国成立初期形成了集中式的权利结构，而且对劳动力个体及家庭的空间流动也实施较强的限制。各类行政和权利主体的行为互动及对城镇化发展的影响有如下特征：

　　（1）中央政府方面，承担了城镇化发展的主导者角色。首先是直接干预。在集中式权利结构下，中央在全国实行重工业优先和"区域均衡战略"，尤其是"一五"期间在中西部重点工业城市建立了大量的工矿企业，甚至还出现东部企业向中西部的指令性和行政性内迁[①]，资本和劳动力要素大多均在中央计划管控下围绕计划型工业及配套产业进行配置与积累。这种自上而下的计划式要素配置为中西部城市完成初始积累创造了条件，如当时在兰州市布局了"156项工程"中104项非军事项目的6项。在这些项目的带动下，兰州市区人口从1949年的19万快速增长到1959年的100万以上[②]。可以说，当时的中央投资和规划干预直接奠定了此类工业城市之后半个多世纪的城市发展基础和空间格局。其次是中央对地方发展与建设的管治，如中央会就地方城市尤其是重点城市和工业型城市的总体规划进行干预和审查，甚至直接干预具体的空间设计。

（2）地方政府方面。由于受到中央各方面的严格管控，其对本地空间发展的干预能力较小，几乎所有行为均在中央行政指令下进行。地方的"市"在此阶段也大多为切块设市而成，空间小，管理权也较为有限，与"县"共同成为当时地方最重要的两类行政主体，且二者的干预能力与行政权利较为平衡。

（3）资本及市场方面。市场发育程度很低，社会中的资本绝大多数为国有形式，主要通过政府直接投资的方式进行配置，因而资本的空间流动性也极为受限。

（4）劳动力个体及家庭方面。在城乡二元户籍制度下，劳动力在不同区域间的迁移也受到限制。

总的来看，在集中式权利结构下，资本、劳动力个体及家庭的区域流动受到限制，城镇化的发展几乎完全取决于中央政府的项目安排与计划式干预。在"区域均衡战略"下，各区域的发展基础与发展机会均相差不大，因而各地的资本积累规模与城镇人口增长也较为接近，并体现为低位上的均衡型城镇化状态（图4-3a）。而在1959—1977年间，为了缓解集中式权利结构下的经济活力不足问题，中央多次尝试将部分发展权下放到地方，中央与地方间的互动也开始增多，但这种放权与互动仍主要在垂直式的政府行政体系内进行，处于行政体系外的资本和劳动力流动仍然受到限制（图4-3b）。因而，此阶段的城镇化

---

① 《中华人民共和国第一个五年计划》提出，"根据内地的需要，应该逐步把沿海城市的某些可能迁移的工业企业向内地迁移"。
② 《甘肃日报》1959年8月26日文章《兰州成为祖国新兴工业城市》（转引自：杜亮亮，2014）。

发育水平仍然较低，其空间格局也仍主要取决于中央和地方的互动与博弈，并仍然呈现低位上的均衡状态。

4.3.2   近似网络化分权结构下的非均衡型城镇化

改革开放后到1994年分税制改革前，中央再次开始了向地方及各类经济单位的分权。此时不仅存在中央政府向地方的大量放权，同时也存在政府向资本及市场、劳动力个体及家庭的放权，并由此引发了市场性资本的快速增长和劳动力的规模性跨区域流动，尤其是当时全国范围内普遍出现了乡镇企业的快速资本积累及其对农村劳动力就地城镇化转移的快速带动。于是，随着经济的快速增长和市场化的进一步推进，中央政府、地方政府、资本及市场、劳动力个体及家庭等多元权利主体之间形成了一个以中央与地方间垂直行政体系为核心的近似网络化分权结构（图4-3c）。

各类行政和权利主体的行为互动及对城镇化发展的影响有如下特征：

（1）中央政府方面。中央对各区域的直接干预和投资均较之前有所弱化，转向了更为灵活的政策性和市场性干预，其角色也从空间发展的直接配置者转变为空间资源的间接干预者。首先是对地方干预的减少和大量经济发展权的下放，这使得东部地区率先成为全球资本进行转移与积累的重要空间，并为后续的经济快速增长和城镇化快速发展创造了条件，同时也客观上形成了此阶段的"区域非均衡战略"。还有是对地方进行更大的放权，地方立法的日益增多是其突出表现，如《广东省经济特区条例》使非正式的"三来一补"模式在本省内部开始快速推广，深圳自主创设的法定图则制度等也对城镇化发展产生了深远影响。另外，对地方的放权还表现在"市管县""撤县设市"等地方区划制度的改革和快速推进方面。其次是推行与地方发展直接相关的制度创新，如在地方设立国家级高新区和经开区等特殊政策区，有效地促进了这些区域的城镇化起步，并持续向其他区域进行政策复制与经验扩散，这种干预几乎覆盖了国内大部分城市，但也存在从东部到中西部的梯度差异。

（2）地方政府方面。在中央放权背景下，地方政府成为城镇化发展的主导者，并开始出现激烈的地方竞争。同时，"市"和"县"作为地方重要的两类行政主体，也在各类制度和外部环境的影响下出现了权利的分化：一方面，

"市"的权利在"市管县"改革中得以增强，尤其是在一些率先进行改革的地区，但此时的城市改革仍仅在少数地区进行试点，"市"的权利增强态势还未形成普遍现象；另一方面，在乡镇经济的快速发展和第一波"撤县设市"改革的带动下，"县"对域内空间进行干预的能力快速成长，其在地方行政体系中的地位也有很大提升，而且还具有一定的普遍性。

（3）资本及市场方面。在政府管控逐步放松的背景下，市场因素成为影响资本流动的主因，市场性资本的流动规模也逐步扩大。在此情景下，资本回报率更高的东部率先成为国内外资本流入和积累的主要区域，而且其资本回报率还在技术进步和制度创新的影响下不断提升，这使得区域间资本回报率的差距进一步扩大，并促进资本继续从回报率较低的中西部源源不断地向东部流动。

（4）劳动力个体及家庭方面。在户籍制度不断进行改革的背景下，劳动力的空间流动权利进一步增长，并且在以经济性为主的迁移诉求带动下，追随资本出现从中西部向东部的大规模流动，以此获得更高的就业收入和社会地位。

综上所述，在以中央与地方间垂直行政体系为核心的近似网络化分权结构下，地方在行政体系中的地位得以提升，尤其是东部地区的发达城市和县乡地区。同时，在政府的"区域非均衡战略"和差异化的市场性影响作用下，资本、劳动力个体及家庭从中西部向东部的跨区域流动规模出现显著增长，由此形成了非均衡型的城镇化空间格局，尤其是东部地区县、乡镇的基层城镇化更为发育。

4.3.3　网络化分权和集权混合结构下的非均衡与再均衡共存型城镇化

1994年分税制改革后，中央对地方的集权又有所增强，而且中央政府还通过一系列宏观区域战略和具体政策进一步强化对中西部等后发地区的支持，由此对市场性的影响进行一定平衡，力图实现区域再均衡的目标。总的来看，这种体现集权的再均衡策略与向地方政府、资本及市场、劳动力个体及家庭的分权共同形成了网络化的分权和集权混合权利结构（图4-3d）。

各类行政和权利主体的行为互动及对城镇化发展的影响有如下特征：

（1）中央政府方面。首先是在2000年左右提出"区域再均衡战略"及相关

政策，包括西部开发、中部崛起、东北振兴等区域战略，以及转移支付、土地
指标配额等具体政策向中西部的倾斜。再均衡战略的兴起，一方面原因在于中
央期望运用区域均衡政策规制市场化发展中出现的区域失衡问题；另一方面原
因则是地方也期望利用区域政策进一步实现增长并扩大地方收益（Li et al.，
2012）。与改革前的"区域均衡战略"不同的是，区域再均衡战略更多地体现
为政策性和市场性的间接干预，而非刚性的行政性命令。这些政策通过对资本
积累和流动环境的干预，作用于资本、劳动力要素的流动方向和流动规模，继
而再影响城镇化的发展和空间格局。中央政府的第二类行为则是对上一阶段制
度创新的延续与扩展，如设立国家新区、自贸区、综合配套改革试验区等，并
提出城市群和都市圈战略、国家中心城市战略等。

（2）地方政府方面。在20世纪90年代中期后，分税制和土地财政模式的逐
步确立，使得地方对本地空间进行干预的冲动和能力均有了爆发式的增长。其
中，地级市的变化最先开始也最为突出，尤其是"市管县"的大规模推行使得
地级市几乎以绝对优势超越县，成为地方权利结构与城镇化发展的主导者。在
分权化的同时，中央又通过环境保护要求、耕地保护要求和用地指标供给等
途径对地方行为进行制度约束（Tang et al.，2021），大大地降低了地方政府借
助"增长联盟"与国家力量进行博弈的能力（Jonas，2020），从而实现了中央
对地方的集权。而且，这种经济上的分权与行政上的集权还进一步加速了地方
间的竞争，并促使其出现阶段性的差异：在发展早期，竞争表现为产业发展尤
其是工业发展方面的资本积累竞争，但随着城镇化的推进和空间价值的快速外
显，地方竞争逐步转为产业资本积累和空间资本积累并重的格局，而且围绕土
地和空间的资本积累竞争程度更大（He et al.，2016）。

（3）资本及市场方面。在各类改革政策的影响下，资本投资的市场化程度
进一步增强，同时也使得区域间的差异进一步扩大。为了平抑这种趋势，中央
政府在中西部投放各类激励性政策，使得中西部地区的资本回报率得以提升，
进而使得资本向中西部的流动加快。此外，政府也向中西部直接投放了大量资
本，但可能效率偏低。在市场因素带来的极化趋向和政策干预因素带来的均衡
趋向共同作用下，资本流动表现为东部与中西部之间的双向流动特征，但仍以
市场因素影响下的向东部流动为主。而且，政府政策干预对资本流动的影响还
存在一定的时滞性。

（4）劳动力个体及家庭方面。同样受到市场因素和政策倾斜的双重影响，劳动力进一步出现区域间的双向流动和"潮汐演替"。同时，随着个体及家庭权利的提升，他们在迁移中所考虑的因素也从过去更强调经济收益开始转变为兼顾经济、社会、地理等综合效应，这进一步加速了劳动力向中西部的相对回流，但从总体上看仍以由中西部流至东部为主。而且，政策倾斜对劳动力流动的影响也同样存在一定的时滞性。

在网络化分权和集权混合结构下，地方与中央之间的行政事权关系进一步复杂化，并由此出现了围绕产业资本与空间资本的激烈竞争，尤其是地级市的行政权力得到了很大提升。同时，在政策和市场的双重因素影响下，资本、劳动力个体及家庭的跨区域流动在继续向东部沿海集聚的同时出现了向中西部的加速回流，并逐步形成非均衡与再均衡共存的城镇化空间格局。

4.3.4　小结

表4-2总结了各阶段多元行政和权利主体的行为互动特征，以及对城镇化中资本流动与积累、劳动力个体及家庭流动、城镇化空间格局的影响。

不同阶段权利结构对城镇化发展的影响　　　　表4-2

阶段	行政和权利主体	各类行政和权利主体的行为互动	对城镇化的影响		
			对资本流动与积累的影响	对劳动力个体及家庭流动的影响	城镇化空间格局
集中式和政府内部分权结构（1949—1977年）	中央政府	（1）承担城镇化发展的主导者角色；（2）对城镇化进行直接干预（以工业项目投资为主，对企业的指令性和行政性迁移）；（3）管治地方发展建设（尤其是规划审查甚至直接干预空间规划）	绝大多数为国有资本，空间自由流动受限	空间流动被限制	低位均衡型城镇化
	地方政府	（1）对本地空间的干预能力小，几乎所有行为均在中央行政指令下进行；（2）"市"与"县"权利地位较平衡			
	劳动力个体及家庭	区域迁移受到限制			

阶段	行政和权利主体	各类行政和权利主体的行为互动	对城镇化的影响		
			对资本流动与积累的影响	对劳动力个体及家庭流动的影响	城镇化空间格局
以中央与地方间垂直行政体系为核心的近似网络化分权结构（1978—1993年）	中央政府	从直接干预转为更灵活的政策性和市场性干预： （1）减少地方干预和下放经济发展权（区域非均衡战略） （2）对地方更大放权（地方立法权强化、市管县和撤县设市等改革） （3）制度创新（在地方设立高新区、经开区等特殊政策区）	受管控减弱和市场力量的双重影响，东部资本回报率提高，资本从回报率较低的中西部流向东部	在资本流动的牵引下加速流向东部	非均衡型城镇化；东部地区县、乡镇的基层城镇化更为发育
	地方政府	（1）成为城镇化发展的主导者； （2）地方竞争加剧； （3）"市"与"县"权利地位分化（"市"在部分地区权利地位增强，"县"权利地位普遍增强）			
	资本	市场性资本的流动性增强			
	劳动力个体及家庭	（1）流动限制逐步放松； （2）迁移考虑因素以经济性为主			
网络化分权和集权混合结构（1994年后）	中央政府	（1）区域再均衡战略（区域发展战略，转移支付、土地指标配额等具体政策向中西部的倾斜）； （2）制度创新（国家新区、自贸区、综合配套改革试验区等特殊政策区）	在市场力量和政策倾斜下，资本向中西部的流动加快，市场影响的极化趋向和政府干预影响的均衡趋向共存	一方面，在资本流动的牵引下继续向东部流动；另一方面，在政策倾斜和迁移决策更多考虑社会、地理等因素的影响下，向中西部回流速度加快	非均衡与再均衡共存型城镇化
	地方政府	（1）"市"和"县"权利地位加速分化，地级市成为地方权利结构和城镇化的主导； （2）中央对地方的经济分权与行政集权共存，由此激励地方竞争，且早期以产业资本积累竞争为主，后期产业资本和空间资本积累的竞争并重			
	资本	市场性资本的流动性进一步增强			
	劳动力个体及家庭	（1）流动限制进一步放松； （2）迁移考虑因素从过去更强调经济收益转变为兼顾经济、社会、地理等综合效应			

4.4 小结与讨论

行政事权和社会权利结构的变化体现在财政投资、地方区划、人口流动等多个方面，共同形成由集权向分权过渡，以及集权与分权相交织的状态和过程。这一过程不仅经历了纵向上中央向地方的分权和再次局部集权化，以及不同层级地方之间的分权与集权变动，也经历了政府向资本及市场、劳动力个体及家庭的逐步分权。

在权利结构变动的影响下，各类行政和权利主体的行为互动特征对城镇化进程中的资本流动与积累、劳动力个体及家庭迁移，以及城镇化空间格局均产生了深刻的影响，但这种影响存在一定的时滞性。

（1）在集中式和政府内部分权的结构下，中央政府是城镇化发展的主导者，通过直接干预、空间规划审批等方式对地方发展建设进行较为严格的管治。地方政府的空间行为则几乎均在中央指令下进行，且"市"与"县"之间的权利地位较为均衡。在自上而下的严格管控中，资本以政府配置为主而流动性很有限，同时个体及家庭的空间流动也被限制，并形成低水平上的均衡型城镇化。

（2）在近似网络化的分权结构下，中央政府的角色从空间发展的直接配置者转变为空间资源的间接干预者，而地方政府则逐步成为城镇化发展的主导者，并出现日益激烈的区域竞争以及"市"与"县"权利地位的分化。同时伴随权利的下放，市场性因素成为影响资本和劳动力要素流动的主因，并均出现了向东部沿海的加速集聚，从而形成非均衡型的城镇化空间格局。

（3）在网络化分权和集权的混合结构下，地级市几乎以绝对优势超越县而成为地方行政结构与城镇化发展的主导者，而且混合权利结构中的集权约束还进一步加剧了地方间的竞争，并从早期的产业资本积累竞争过渡为更加注重空间资本积累竞争的状态。同时，在政策和市场的双重影响下，资本和劳动力流动也形成了东部与中西部之间的双向流动格局，但仍以市场影响下的由中西部流向东部为主。此外，个体及家庭进行迁移的考虑因素还从过去更强调经济收益逐步向兼顾经济、社会、地理等综合收益转变，这进一步加速了劳动力向中西部的回流和就地/近域城镇化，并最终形成非均衡与再均衡共存的城镇化空间格局。

综合来看，权利结构演变对城镇化的上述阶段性影响对本书的研究框架做出了实证，即市场与政策均是我国城镇化进程中的重要动力。具体来说，特定时期的行政权力通过对资本、劳动力要素流动和积累环境的干预贯彻其意志，而各类要素的空间流动逻辑也内含了这种市场和政策的双重影响。除了这种外源性的影响，权利结构对要素的影响还体现在内生性层面的结构性转变上，如伴随权利结构的网络化，劳动力个体及家庭会获得更大的社会性权利，并促使他们的空间流动逻辑从以经济性为主向兼顾社会、地理的综合性因素转变，进而影响到最终的空间流动行为与城镇化格局。

第 **5** 章

城镇化发展中的资本积累与流动

　　资本积累与流动是劳动力实现就业与流动，并进而影响城镇化发展的关键因素。而且，从城镇化动力出现的结构性特征来看，不同经济类型和不同行业的资本积累对城镇就业和城镇化的影响在过去十多年内已经出现了巨大的变化，但目前社会和学界对这些的探讨与关注均较少。本章首先分析了我国城镇化发展中资本积累时空演变的总体特征，然后从分行业和分经济类型两个视角对不同类型资本积累的时空演变特征做分析，最后从资本流动与资本回报率变化的视角对资本积累的时空特征进行解释。

5.1　资本积累与流动的既有研究

资本作为经济增长经典模型中的关键要素之一，是发展经济学的研究重点。既有文献主要关注了资本积累与经济增长的关系（郭玉清，2006；刘金全 等，2002；杨先明 等，2015；赵峰 等，2021）、资本积累和劳均资本的影响因素（林毅夫 等，2003；汪同三 等，2006）、资本积累的效率及影响因素（吕冰洋，2008）等议题。此外，还有文献对资本积累的空间差异进行了不同尺度的实证研究。根据本研究的目标，可将既有研究归纳为对"量"的研究、对"流"的研究以及对资本回报率的研究三方面。

5.1.1　对"量"的研究

既有文献对资本积累"量"的研究包括总量规模、分类型规模、空间格局等方面。总量规模方面，主要采取资本存量的各类指标进行表征，如资产、净资产等（CCER"中国经济观察"研究组，2007）。分类型方面，主要从行业类型（孙琳琳 等，2014；徐维祥 等，2011）、流动渠道类型（如公共财政渠道、银行金融渠道、资本市场渠道、直接投资渠道等）（肖燕飞，2012；严浩坤，2008）等视角开展研究。空间格局方面，主要关注了不同区域各类资本积累的比重及变化（郭金龙 等，2003；王小鲁 等，2004）、资本密度及变化（杨永春 等，2009）、资本重心迁移（叶明确 等，2012）、资本边际生产率的空间差异（吕冰洋，2008）等。

5.1.2　对"流"的研究

资本积累的"流"即资本流动的特征、方向、规模等。既有文献主要从流动性测度、流向测度、流动规模测度、资本流动与经济增长关系等方面开展研究。本研究主要考察资本积累和流动的时空情景变化，因而主要对前两方面的文献进行综述。

1．流动性测度

目前，既有文献主要运用储蓄-投资相关性检验法（F-H法）（Feldstein et al.，1979）对资本的流动性进行测度。F-H法通过测算投资与储蓄之间的相关性来推算地区间的资本流动性程度。其基本思路是：如果资本不能在地区间流动，则当地储蓄只能投资于本地区，本地区的投资也只能依赖于当地储蓄，这时一个地区的储蓄和本地区的投资呈高度相关关系。相反，如果资本能在地区之间完全自由流动，即任何一个地区的储蓄都能顺利地流向高收益地区，任何一个地区好的投资机会也都能获得其他地区的储蓄资金，这时一个地区的储蓄和本地区的投资就不会有明显的相关性（严浩坤，2008）。

模型方程为：

$$(I/Y)_t=\alpha+\beta\ (S/Y)_t+\varepsilon_t$$

其中：I为固定资产形成总额，通过支出法国内生产总值与最终消费之差计算得到，Y为支出法国内生产总值，S为总储蓄额，I/Y为投资率；S/Y为储蓄率；α为常数项；系数β为储蓄保留系数（Saving Retention Coefficient），表示国内（或地区内）储蓄转化为国内（或地区内）投资的比例，其大小被作为资本流动性强弱的判断依据；ε为误差项。系数β越大表明资本的流动性越弱，系数β越小则表明资本的流动性越强，$\beta=1$表明资本几乎不流动，$\beta=0$则意味着资本可完全流动。

F-H法最初用于检验国际资本流动状况和国际金融市场的一体化程度，后来也被用于测度一国内部区域间资本流动的特征（Helliwell et al.，1999；严浩坤，2008；赵岩 等，2005）。从严浩坤（2008）及赵岩和赵留彦（2005）的研究结果来看，我国改革开放初期的储蓄保留系数更加接近于0且投资率与储蓄率的相关性不显著，说明此时国内资本的流动性较强。但进入20世纪90年代后，储蓄保留系数开始上升且投资率与储蓄率的相关性开始变得显著，说明国内资本的流动性下降，但在20世纪90年代后期和2000年前后又开始出现流动性增强的现象，这能够从现实发展中得到较为合理的解释，也说明F-H法不失为测度国内区域间资本流动性的良好分析工具。除了全国层面的情况，严浩坤（2008）还对国内分区域的资本流动性做了研究，发现东部和中部之间的资本流动性强于西部和东部、中部之间，这也与现实情况基本相符。

2. 流向测度

首先，F-H法能够通过计算不同区域的储蓄保留系数来间接判断资本的流向（严浩坤，2008）。此外，文献采用的其他方法还有资本净流入（出）量占GDP比重法（王小鲁 等，2004）、信贷资本流入/流出量测度法（陈东 等，2011）、物化商品流动反推法（郭金龙 等，2003）、社会网络分析法（Qian et al.，2018）等①。既有研究显示，在改革开放前经济增长较快的省份反而资本流入量少，并不符合新古典的假设（Deng et al.，2016）；在改革开放后情况则有所改变，由市场主导的资本一直呈从中西部流向东部的特征，而由政府主导的资本流动则有阶段性差异：改革开放初期主要由中西部流向东部，但在20世纪90年代后则由东部流向中西部，包括转移支付资金、中央再贷款、银行间信贷资本等。除了历史视角的分阶段分析，王小鲁和樊纲（2004）还对我国区域间资本流动的趋势做了判断，认为随着资本边际收益递减作用、中西部投资环境改善，以及区域均衡政策等因素作用的强化，资本在不同区域间的配置将趋于均衡，并阻止地区间差距的扩大，而这需要一个长期的过程。

5.1.3 对资本回报率的研究

根据CCER"中国经济观察"研究组（2007）的定义，资本回报率指"资本回报与创造回报所用资本直接度量值之间的数量比率关系"，并包括净利润、总利润、总回报等多种形式。既有文献对全国和分地区的资本回报率进行了测度，并以工业资本回报率的测度为主。

1. 全国资本回报率的测度与解释

依据数据来源不同，通常存在以宏观数据为基础的资本回报率（以下简称"宏观资本回报率"）和以微观数据为基础的资本回报率（简称"微观资本回报率"）两类指标（CCER"中国经济观察"研究组，2007）。宏观资本回报率基于国民收入账户统计体系中资本回报即"营业盈余"以及固定资产

---

① 这几类方法并无明确名称，文中所列名称为笔者归纳。

存量等指标进行计算，微观资本回报率则基于企业财务会计资本回报（如利润、净利润等）和资本存量数据进行测算。宏观资本回报率的测算以白重恩等（Bai et al.，2006）的研究为代表，他们发现1978—2005年的全国资本回报率总体上趋于下降，在1979—1992年间约为25%，1993—1998年间约为20%，1998年后基本维持在20%左右。在后续研究中，陈虹和朱鹏坤（2015）也采用宏观方法测算了我国1993—2013年的资本回报率，发现总体上以2007年为节点呈先上升后下降特征，2007年达至最高点20%左右，之后持续下降至2013年的11%左右。张慕濒（2016）同样基于宏观方法，发现全国资本回报率在1990年后基本上呈持续下降状态，但测度到的具体值高于白重恩等（Bai et al.，2006）、陈虹和朱鹏坤（2015）的结果，即使在2012年降至最低时也在20%左右。微观资本回报率的测算以CCER"中国经济观察"研究组（2007）对我国1993—2006年工业企业资本回报率的研究为代表，选用了利润总额/权益、利润总额/资产、总回报/权益、总回报/资产、净利润/权益、净利润/资产、净利润/固定资产净值共7种回报率指标；研究发现7种指标的变化特征基本一致，均呈先降后升的U形，只是变化的幅度不尽一致。以利润总额/资产为例，资本回报率的变化区间在2% ~ 6%，2006年为最高值在6%左右。徐建国和张勋（2013）沿用CCER"中国经济观察"研究组的方法，进一步测算了2007—2011年的工业资本回报率，发现全国全部工业资本回报率的U形发展态势在2006年后基本上继续延续，但在2010年后出现下降，2011年为8%左右。

2. 分地区资本回报率的测度与解释

较多文献对我国东、中、西部的资本回报率进行了测度，但结果不尽一致，主要是由于所采用的方法和指标不同。如张勋和徐建国（2016）采用微观测度法，通过规模以上工业企业的利润总额和固定资产净值计算了各地区的资本回报率；陈虹和朱鹏坤（2015）、张慕濒（2016）则采用宏观测度法计算了各地区的资本回报率。从测度结果来看，有一定差异：①变动趋势。张勋和徐建国（2016）的微观测度法结果显示，3个地区的资本回报率均与全国类似，呈先下降后上升的U形特征；而陈虹和朱鹏坤（2015）、张慕濒（2016）的宏观测度法结果则显示，3个地区的资本回报率总体呈波动下降特征。②3个地区资本回报率的相对关系。陈虹和朱鹏坤（2015）、张勋和徐建国（2016）的研

究结果显示"东部>中部>西部";张慕濒(2016)的研究结果则显示2008年前
"中部>东部>西部",2008年后"东部>中部>西部"。

　　上述文献还对不同区域间资本回报率的差异做了解释,主要原因在于不同
区域间人力资本和技术水平、管理经验、资本深化程度、劳动力受教育程度、
宏观经济景气度等方面的差异(张慕濒,2016)。另外,陈虹和朱鹏坤(2015)
还发现,在区域之间,资本回报率的"差异效应"强于"平衡效应",并促使
区域差距扩大;而在区域内部,资本回报率的"平衡效应"强于"差异效应",
并促进区域内差距缩小。

5.1.4　小结

　　综合来看,目前对资本积累与流动时空演变的研究集中在经济学领域,
主要关注了资本积累的规模、空间分布、流动性及流向、资本回报率等特征
及其变化,但仍存在以下可进一步拓展的空间:①既有研究已经对全国和各
区域的资本积累总量及空间格局做了较多探讨,但在分类型的特征分析上仍
然较少;②经济学中对于资本的研究更多地将其视为生产函数中的物质资本
要素,将其与城镇化发展、城镇人口增长等进行逻辑衔接并进行分析的文献
还较少。

5.2　资本积累的时空演变

　　用一定时间段内的累计城镇固定资产投资或年均值来表示城镇地区资本积
累的规模,而且为简明扼要,在分析某地区、某行业、某经济类型的城镇资本
积累时统一表述为资本积累,不特别强调是城镇地区的资本积累。数据获取和
处理方法如下:全国和分省(市、自治区)数据均采自《中国固定资产投资统
计年鉴》(2013年为《固定资产投资统计年报》,2020年为《中国投资领域统
计年鉴》),分析时段为2003—2019年。此外,本研究在分析单个年份的截面

数据时，采用当年价格；分析阶段性的累计城镇固定资产投资、年均城镇固定
资产投资，或是比较不同年份间城镇固定资产投资变化时，均换算为2000年不
变价。

　　将分析时段进一步划分为2003—2005年、2006—2008年、2009—2011年、
2012—2014年、2015—2019年五个阶段（图5-1）。分析表明，各地区年均城镇
固定资产投资均有不同程度的增长，并存在区域差异。从年均城镇固定资产投
资规模及占比变化来看，2003—2005年间各地区资本积累规模从大到小依次为
华东、华北、中南、华南、西南、东北、西部、中北。随着区域经济社会的差
异化发展，各地区的资本积累占比发生了格局性的变化，基本特征为中南、西
南地区占比的上升和华东、华北地区占比的下降，而其余地区的占比变化均
不大。具体来看，中南、西南分别从2003—2005年的16%、10%上升到2015—
2019年的25%、13%；而华东、华北则分别从2003—2005年的20%、20%下降
到2015—2019年的15%、17%。中南、西南地区资本积累占比的上升与华东、
华北地区占比的相应下降说明，我国城镇地区的资本积累增长在2005年后出现
了区域间的收敛，增长中心由华东、华北等先发地区向中南、西南等后发地区
转移，尤其是中南地区的增速最为明显。

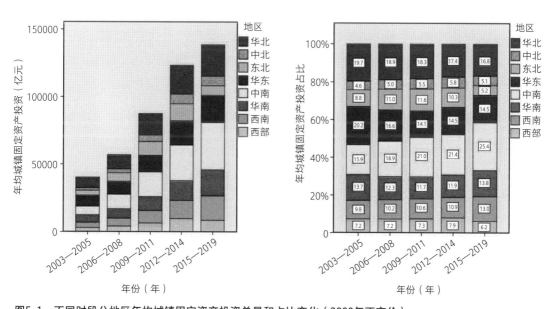

图5-1　不同时段分地区年均城镇固定资产投资总量和占比变化（2000年不变价）
数据来源：《中国固定资产投资统计年鉴》《固定资产投资统计年报》《中国投资领域统计年鉴》

5.3 资本积累的分类时空演变

5.3.1 资本类型的划分

按照"分行业"和"分经济类型"两种视角对2003—2019年各大区的累计城镇固定资产投资总量和占比变化进行分析，一方面可判断资本积累空间格局的时空变化；另一方面则可以间接判断区域间的资本流动情况。

（1）资本的行业分类。我国现行国家标准《国民经济行业分类》GB/T 4754—2017共有20个门类、97个大类，其中制造业门类下有31个大类。从既有文献来看，按照劳动、资本、资源三类要素的密集程度对产业进行分类是大多研究的共同做法（王志华，2006；程遥，2015）。然而，随着我国制造业的技术进步与升级，一些传统劳动密集型产业也已经出现了"资本替代劳动"和"机器换人"的现象，体现出资本密集型特征，因而有必要对各行业要素密集程度的实际情况进行测度，并结合经验做进一步的类型划分。本研究计算了31类制造业的要素密度特征，计算公式为：劳均资本=规模以上工业资产总计/城镇单位就业人员。然后根据各行业劳均资本与全部制造业劳均资本平均水平的大小关系对各行业进行分类，具体标准为：劳均资本高于制造业平均水平者为资本密集型制造业，劳均资本低于制造业平均水平者为劳动密集型制造业，并通过2010—2014年五个年份的数据分析进行综合判断，由此将31类制造业分为劳动密集型制造业和资本密集型制造业两类。此外，再根据既有文献常见的分类方法，将第三产业分为生活服务业、生产服务业、房地产业和公共服务业，再加上农林牧渔业、建筑业和资源密集型产业，最终将国民经济行业的20个门类划分为9类（表5-1）。

按照行业的资本分类 表5-1

编号	行业类型	具体包含行业
1	农林牧渔业	（1）农业；（2）林业；（3）畜牧业；（4）渔业；（5）农、林、牧、渔服务业
2	资源密集型产业	（1）采矿业；（2）电力、热力、燃气及水生产和供应业

续表

编号	行业类型	具体包含行业
3	劳动密集型制造业	（1）食品制造业；（2）酒、饮料和精制茶制造业；（3）纺织业；（4）纺织服装、服饰业；（5）皮革、毛皮、羽毛及其制品和制鞋业；（6）木材加工和木、竹、藤、棕、草制品业；（7）家具制造业；（8）印刷和记录媒介复制业；（9）文教、工美、体育和娱乐用品制造业；（10）医药制造业；（11）橡胶和塑料制品业；（12）金属制品业；（13）计算机、通信和其他电子设备制造业；（14）仪器仪表制造业；（15）其他制造业；（16）金属制品、机械和设备修理业
4	资本密集型制造业	（1）农副食品加工业；（2）烟草制品业；（3）造纸和纸制品业；（4）石油加工、炼焦和核燃料加工业；（5）化学原料和化学制品制造业；（6）化学纤维制造业；（7）非金属矿物制品业；（8）黑色金属冶炼和压延加工业；（9）有色金属冶炼和压延加工业；（10）通用设备制造业；（11）专用设备制造业；（12）汽车制造业；（13）铁路、船舶、航空航天和其他运输设备制造业；（14）电气机械和器材制造业；（15）废弃资源综合利用业
5	建筑业	（1）房屋建筑业；（2）土木工程建筑业；（3）建筑安装业；（4）建筑装饰和其他建筑业
6	生活性服务业	（1）批发和零售业；（2）住宿和餐饮业
7	生产性服务业	（1）交通运输、仓储和邮政业；（2）信息传输、软件和信息技术服务业；（3）金融业；（4）租赁和商务服务业；（5）科学研究和技术服务业
8	房地产业	房地产业
9	公共服务业	（1）水利、环境和公共设施管理业；（2）居民服务、修理和其他服务业；（3）教育；（4）卫生和社会工作；（5）文化、体育和娱乐业；（6）公共管理、社会保障和社会组织

（2）资本的经济类型分类。按照《中国固定资产投资统计年鉴》，固定资产投资可分为内资、港澳台投资、外商投资三大类，内资又可细分为国有、集体、股份合作、国有联营、集体联营、国有与集体联营、其他联营、国有独资公司、其他有限责任公司、股份有限公司、私营、个体户、个体合伙、其他内资企业共14个子类。本研究对以上16个类别按照主导类型进行了归并，分为国有、集体、其他有限责任公司、股份有限公司、个体与私营、外资、其他内资共7类（表5-2）。

按照登记注册类型的资本分类　　　　　表 5-2

经济类型	具体包含门类
国有	（1）国有；（2）国有联营；（3）国有与集体联营；（4）国有独资公司
集体	（1）集体；（2）集体联营
其他有限责任公司	其他有限责任公司
股份有限公司	股份有限公司
个体与私营	（1）私营；（2）个体户；（3）个体合伙
外资	（1）港澳台投资；（2）外商投资
其他内资	（1）股份合作；（2）其他联营；（3）其他内资

5.3.2 　分行业的资本积累时空演变

从2003—2019年累计城镇固定资产投资的分行业变动情况来看（图5-2），
有如下特征：

（1）规模变化：各行业的城镇固定资产投资变化可反映各行业城镇资本
积累的变化特征，基本上均持续增加，但在2016年后又均出现了不同程度的
下降，且存在行业间的差异。从资本积累的增长规模来看，房地产业、资本
密集型制造业、公共服务业的资本积累增长规模较大，劳动密集型制造业、生
产性服务业的资本积累增长规模次之，而资源密集型产业、生活性服务业的
增长规模较小，建筑业还有所下降。从年均增速来看，劳动密集型制造业和
资本密集型制造业最高，均在10%以上；公共服务业、生活性服务业、房地产
业、生产性服务业次之；而资源密集型产业的年均增速较低，建筑业还为负
增长。

（2）占比变化：从2003—2019年，资本密集型制造业（15%上升至
19%）、劳动密集型制造业（9%上升至13%）的占比增长最快；资源密集型产
业（12%下降至6%）、生产性服务业（17%下降至14%）的占比下降最快。几
类行业资本积累占比的变化表明，我国整体上仍处于快速工业化发展阶段，制
造业是城镇资本积累中最重要的部分，其吸纳就业的能力也较强。

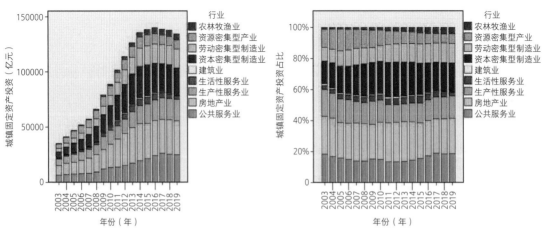

图5-2　全国分行业城镇固定资产投资额及占比变化（2000年不变价，2003—2019年）

数据来源：《中国固定资产投资统计年鉴》《固定资产投资统计年报》《中国投资领域统计年鉴》

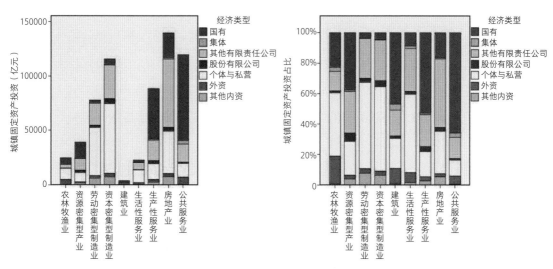

图5-3　全国分行业城镇固定资产投资额的经济类型变化（2019年）
数据来源：《中国投资领域统计年鉴2020》

在分析城镇资本积累分行业变化特征的基础上，进一步识别各行业城镇资本积累在各经济类型上的分布情况。以2019年数据为例（图5-3），公共服务业、生产性服务业、建筑业、资源密集型产业的资本积累以国有投资为主，国有投资分别占到总累计城镇固定资产投资的66%、53%、47%、38%；而劳动密集型制造业、资本密集型制造业、生活性服务业、房地产业资本积累的经济类型较为丰富，两类制造业和生活性服务业均以个体与私营资本为主，其他有限责任公司资本次之；房地产业则以其他有限责任公司资本为主，个体与私营资本次之。可以看出，两类制造业、生活性服务业、房地产业资本积累的市场化程度均较高，而公共服务业、生产性服务业、建筑业、资源密集型产业的资本积累则仍以国有资本带动为主，市场化程度相对偏低。

各行业累计城镇固定资产投资在各区域的空间分布格局变化可以反映各行业资本积累的时空演变特征（图5-4），分类型阐述如下：

（1）资源密集型产业：中南（16%上升至19%）、西部（15%上升至17%）、中北（8%上升至10%）的占比增幅最大；华东的占比（14%下降至8%）有大幅下降，东北（9%下降至6%）次之。因而存在中西部与东部地区之间资本积累增速的收敛以及增长中心从东部向中西部的转移。中南地区的增长主要发生在河南、湖南、安徽等地区，而西部和中北地区是典型的资源密集型地区，该时期的增长一方面得益于资源价格的上涨及资源型企业规模的壮大；另一方面也得益于电力、热力、燃气及水的生产和供应业发展规模的扩大。

（2）劳动密集型制造业：中南（14%上升至32%）的占比增幅最大，西南（6%上升至8%）次之；华北（26%下降至18%）、华东（25%下降至18%）的占比下降幅度较大，而且这些地区下降的份额应当也有一部分相应地"转移"到了中

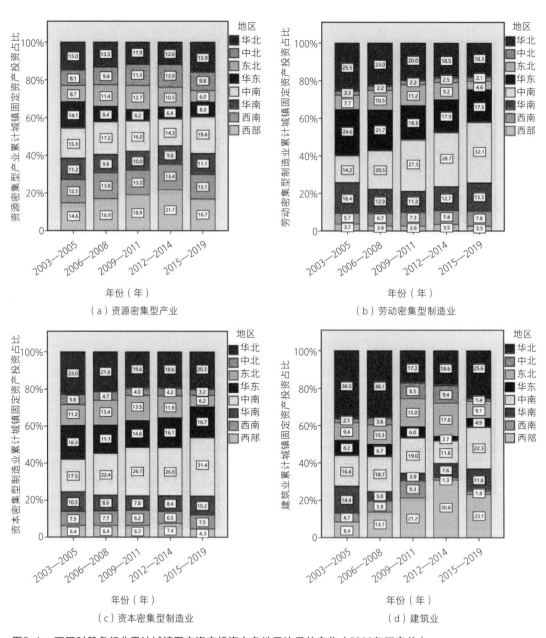

图5-4　不同时段各行业累计城镇固定资产投资在各地区比重的变化（2000年不变价）

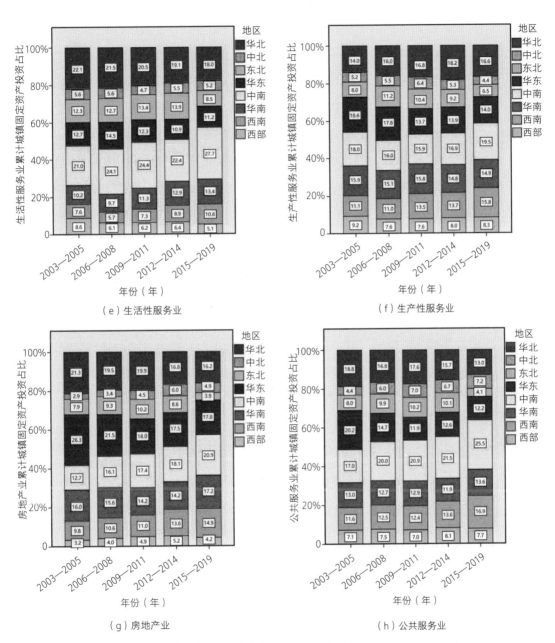

图5-4 不同时段各行业累计城镇固定资产投资在各地区比重的变化（2000年不变价）（续）

数据来源：《中国固定资产投资统计年鉴》《固定资产投资统计年报》《中国投资领域统计年鉴》

南地区。因而存在中西部与东部之间资本积累增速的收敛和增长中心的转移。具体来说，华北的山东、河北均是改革开放后劳动密集型产业和县域经济相对发达的区域，但随着劳动力、土地等要素价格的上涨，固定资产少、迁移成本低、对劳动力价格较为敏感的劳动密集型产业开始向距离东部港口并不遥远的中南地区迁移。以富士康为例，河南已成为2010年后其在中国的主要投资地区[①]。

（3）资本密集型制造业：与劳动密集型制造业的变化类似，中南（18%上升至31%）同样是占比增幅最大的区域。东北（11%下降至6%）、华北（23%下降至20%）、中北（6%下降至3%）的占比则有不同程度的下降，其余区域的变化幅度均不大。因而同样存在中西部与东部之间资本积累增速的收敛和增长中心的转移。值得注意的是，华东地区在经历了2003—2011年间的占比下降（18%下降至15%）后，2011年后占比又略有上升，直到2015—2019年间的17%，这说明资本密集型制造业的增长中心又有向东部沿海转移的趋势。而且，劳动密集型和资本密集型两类制造业的变化基本呈同趋势特征，31个省（市、自治区）两类制造业在5个时段上的累计城镇固定资产投资额均在1%水平上显著相关，且Pearson相关系数均在0.9以上（表5-3）。同时，相关系数值也在总体上有所提升，说明两类制造业的趋同度有进一步增强的趋势，这应当是由于资本密集型产业本身就有与劳动密集型产业高度关联的特点（如不同类型制造业间的分工协作等），而且有随劳动密集型产业转移而发生转移的趋势（周勇，2007）。

（4）建筑业：西部（8%上升至23%）、中南（16%上升至22%）的占比增幅最大，应当在于这些地区伴随资本和人口流入的基建投资提速，尤其是西部地区的增长尤为显著。华北（37%下降至26%）的占比下降幅度较大，华东（8%下降至5%）次之，表明其基建投资增速已有所放缓，因而也存在资本积累的区域间收敛和增长中心转移现象。建筑业本为配套实体经济所衍生的配套性行业，因而其资本积累的占比也应与制造业、服务业等实体经济同趋势变动，中南地区的变动即在一定程度上体现出这种特征；但在西部地区，除建筑

劳动密集型制造业与资本密集型制造业累计城镇固定资产投资额的相关系数变化　表5-3

	2003—2005 年	2006—2008 年	2009—2011 年	2012—2014 年	2015—2019 年
相关系数	0.923	0.914	0.954	0.951	0.967

数据来源：《中国固定资产投资统计年鉴》《固定资产投资统计年报》《中国投资领域统计年鉴》

---

① 富士康15亿美元加码河南，大陆总投资超67亿美元[EB/OL].（2016-03-31）. http://tech.sina.com.cn/it/2016-03-31/doc-ifxqxcnr5080310.shtml.

业外的其他行业资本积累占比的增加并不突出，且并非人口净流入区，因而其基建投资可能存在超量现象。

（5）生活性服务业：中南（21%上升至28%）、华南（10%上升至13%）、西南（8%上升至11%）的占比增幅最大，华北（22%下降至18%）、西部（9%下降至5%）、东北（12%下降至9%）的占比降幅最大，因而资本积累增速同样存在中西部与东部之间的收敛和增长中心转移。生活性服务业包括批发零售业和住宿餐饮业，其中很大一部分主要服务于本地人群，其资本积累占比的增长在一定程度上意味着该地区常住人口的增多或常住人口消费水平的升级。某地区生活性服务业资本积累规模及占比的变化情况在一定程度上可以反映该地区常住人口的增量和增速，这也进一步说明中南、西南等后发地区的人口导入速度正在加快。

（6）生产性服务业：西南（11%上升至16%）、华北（14%上升至17%）、中南（18%上升至20%）的占比有所上升，而华东（19%下降至14%）等地区的占比有一定幅度下降。生产性服务业除交通运输、仓储、邮政、租赁外，信息、软件、金融、商务、科技等均是具有基本职能特征且处于价值链高位的创新型产业。西南、华北、中南3个地区占比的提升说明京津冀、成渝，以及中部若干城市群在生产性服务业方面出现了相对于其他地区的极化现象。

（7）房地产业：中南（13%上升至21%）、西南（10%上升至15%）的占比增幅最大，中北（3%上升至5%）、华南（16%上升至17%）、西部（3%上升至4%）次之；华东（26%下降至18%）的占比下降幅度最大，华北（21%下降至16%）、东北（8%下降至4%）次之。因此，同样形成了中南、西南等地区与华南地区之间资本积累增速的收敛和增长中心的内迁。具体来说，中南地区房地产业资本积累占比的较快上升可能源于中南地区流入人口的住房需求增长，而且其变动速度要慢于两类制造业占比的变动，但略快于生活性服务业占比的变动，这说明制造业投资先于房地产业和生活性服务业，因而其生活类配套设施还有待进一步加大投入。

（8）公共服务业：中南（17%上升至26%）的占比增幅最大，西南（12%上升至17%）、中北（4%上升至7%）、华南（13%上升至14%）、西部（7%上升至8%）次之；华东（20%下降至12%）的占比下降幅度较大，华北（19%下降至13%）、东北（8%下降至4%）次之，因而同样存在东部与中西部之

间资本积累增速的收敛和增长中心转移。公共服务业是政府主导的以服务本
地人口为主的文教体卫类投资，中南地区公共服务业资本积累的快速增长可
能正是为了配套大量新进入的城镇人口所需，占比变动趋势也与同时期生活
性服务业的变动基本一致。比较各地区生活性服务业和公共服务业资本积累
占比变化的协同性，可在一定程度上反映政府公共投入对人口流入的拉动效
应。分析发现：中南、西南、中北、西部地区的公共服务业资本积累增长快
于生活性服务业，说明这些地区的城镇公共服务投入较人口流入来说相对超
前；华南、华东、华北、东北地区的公共服务业资本积累增长慢于生活性服
务业，说明其公共服务投入相较人口流入有所滞后，还需进一步加大公共服
务的供给规模与水平；东北、华北地区的公共服务业资本积累则与生活性服
务业的投资基本同步。

5.3.3　分经济类型的资本积累时空演变

从2003—2019年累计城镇固定资产投资的分经济类型变动情况来看（图
5-5），有如下特征：

（1）规模变化：各经济类型的城镇固定资产投资变化可反映各经济类型城
镇资本积累的变化特征，基本上均持续增加，同样在2016年后出现了不同规模
的下降，且存在经济类型间的差异。从资本积累的增长规模来看，个体与私

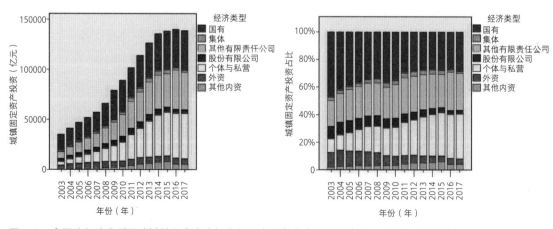

图5-5　全国分经济类型累计城镇固定资产投资额及占比变化（2000不变价，2003—2017年）

数据来源：《中国固定资产投资统计年鉴》《固定资产投资统计年报》《中国投资领域统计年鉴》

营资本在所有经济类型中增长规模最大，其他有限责任公司资本、国有资本的增长规模次之，其他内资、外资、集体、股份有限公司资本的增量均较小。从年均增速来看，个体与私营、外资、其他内资、其他有限责任公司均在10%以上，而集体、国有、股份有限公司的增速则偏低。

（2）占比变化：从2003—2019年，国有（47%下降至29%）、外资（11%下降至4%）、股份有限公司（9%下降至3%）的占比明显下降；同期，个体与私营（10%上升至33%）和其他有限责任公司（19%上升至27%）的占比明显上升；集体和其他内资的占比则变化不大。不同经济类型资本积累占比的变化说明，我国的市场环境发育加速，投资主体日益多元化，政府对投资的介入程度相对下降，而资本及市场、劳动力个体及家庭的投资能动性均有大幅度提升。但如果分行业进行测度的话，公共服务业、生产性服务业、建筑业、资源密集型产业资本积累中的国有投资仍占有很大比重（图5-3）。

各经济类型累计城镇固定资产投资在各区域的空间分布格局变化可以反映各经济类型资本积累的时空演变特征（图5-6），分类型阐述如下。本部分主要分析国有、其他有限责任公司、个体与私营、外资四类占比较多和变化较显著的经济类型。

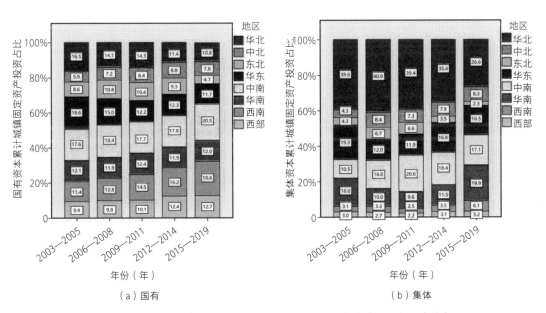

图5-6　不同时段各经济类型累计城镇固定资产投资在各地区比重的变化（2000年不变价）

数据来源：《中国固定资产投资统计年鉴》《固定资产投资统计年报》《中国投资领域统计年鉴》

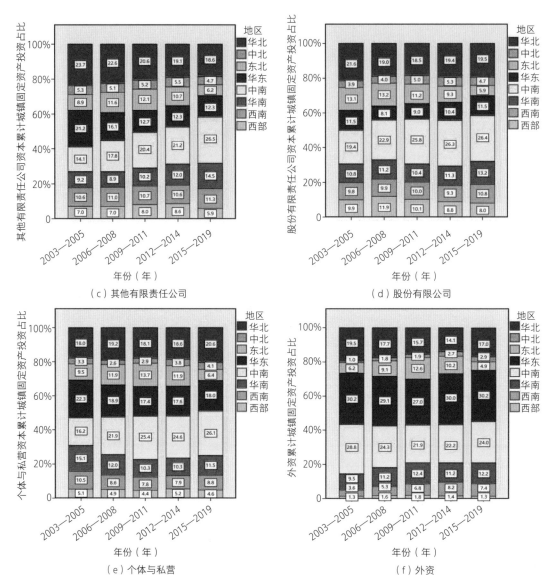

图5-6 不同时段各经济类型累计城镇固定资产投资在各地区比重的变化（2000年不变价）（续）

数据来源：《中国固定资产投资统计年鉴》《固定资产投资统计年报》《中国投资领域统计年鉴》

（1）国有：西南（11%上升至20%）的占比增幅最大，西部（9%上升至
13%）、中南（18%上升至21%）、中北（6%上升至8%）次之；华东（19%下
降至12%）的占比下降幅度最大，华北（17%下降至11%）、东北（9%下降至
5%）次之。可见，东部与中西部之间资本积累增速逐步收敛，增长中心也由
东部向中西部转移。与分行业资本积累空间分布格局变化以及各行业资本积累
的经济类型分布相对照，西南地区国有资本积累的快速增长可归因于公共服务

业、生产性服务业等，中北和西部地区国有资本积累的快速增长则可归因于公共服务业、资源密集型产业、建筑业等。

（2）其他有限责任公司：有限责任公司分为国有独资公司和其他有限责任公司两类，其他有限责任公司的特点是规模较小、较为灵活，且吸纳劳动力的能力较强，是典型的市场性资本。从各地区占比的变化来看，中南（14%上升至27%）的占比增幅最大，华南（9%上升至15%）次之；而华东（21%下降至12%）的占比下降最快，华北（24%下降至19%）次之。可见，东部与中西部之间资本积累同样存在增速的收敛与增长中心的转移，中南地区正在成为其他有限责任公司等市场性资本投资的主要集聚区域。与分行业资本积累空间分布格局变化以及各行业资本积累的经济类型分布相对照，其他有限责任公司资本在中南和华南地区进行投入的主要行业应当是两类制造业、房地产业、公共服务业、生产性服务业等，其中的劳动密集型制造业能够吸纳大规模的劳动力就业。

（3）个体与私营：同其他有限责任公司的性质类似，个体与私营资本的市场性也较强，且规模更小，更为灵活，吸纳劳动力的能力也较强，而且还直接关系到大量低收入群体和进城农民工的就业。从各地区占比的变化来看，中南（16%上升至26%）的占比增幅最大，华北（18%上升至21%）、中北（3%上升至4%）次之；华东（22%下降至18%）、东北（10%下降至6%）、华南（15%下降至12%）的占比下降幅度较大。这进一步说明了中南地区存在市场性资本快速增长和集聚的现象，以及东部与中西部之间资本积累增速的收敛与增长中心迁移。与分行业资本积累空间分布格局变化以及各行业资本积累的经济类型分布相对照，中南地区个体与私营资本积累的增长同样主要源于两类制造业、房地产业等。

（4）外资：各区域的占比变化均较小，西南（4%上升至7%）、华南（10%上升至12%）、中北（1%上升至3%）的占比有一定幅度上升，中南（29%下降至24%）、华北（20%下降至17%）、东北（6%下降至5%）的占比有一定幅度下降，华东和西部的占比则基本上保持不变。外资是市场性更为敏感的资本类型，这说明除华东地区一直占有最大份额外，西南、中北等内陆地区的外资投资活跃性正在逐步提升，市场性资本的活力也进一步加强。与分行业资本积累空间分布格局变化以及各行业资本积累的经济类型分布相对照，外资投入的主要行业类型可能是生活性服务业。

5.3.4   小结

总的来看，城镇房地产业、资本密集型制造业、公共服务业的资本积累在2003年后有较大规模的增长，增速较快的为劳动密集型制造业和资本密集型制造业。在各经济类型中，个体与私营资本积累在2003年后的增长规模最大，其他有限责任公司和国有类型的增长次之，增速较快的则为个体与私营、外资、其他内资、其他有限责任公司等。在分地区的变化上，以2005年为节点，我国城镇资本积累出现了区域间的收敛，增长中心由华东、华北、华南等地区向中南、西南地区转移，尤其是中南地区的增速最为明显，这间接说明了资本由东部向中西部的流动正在加快。

此外，各行业的城镇资本积累增速也出现了东部与中西部之间的收敛，增长中心同样从华东、华南、华北向中南、西南地区转移，尤其是中南地区，而国有、其他有限责任公司、个体与私营等类型资本的成长与流动是促成这种转变的关键。而且，生活性服务业、房地产业、公共服务业、建筑业等生产生活配套类产业资本积累的区域收敛幅度总体上要慢于两类制造业，从而形成了"以制造业资本积累收敛为先导，各类服务配套类产业跟进收敛"的总体特征。在上述几类行业城镇资本积累出现增长中心内迁的同时，生产性服务业的资本积累却进一步集中于拥有大型城市群的华北、西南以及中南地区，而且还出现了相对其他地区的极化现象，而国有资本可能在这一过程中做出了较大贡献。资源密集型产业则进一步集聚于西部和中北等传统资源型地区以及中南地区，且国有资本的增长作出了重要贡献。

5.4 资本流动与资本回报率的时空演变

5.4.1   资本的流动性与流向变化

资本积累的时空格局之所以发生上述变动，资本流动是重要的原因。本部分运用储蓄–投资相关性检验法（F-H法）对全国及分地区的资本流动性进行测度。首先对全国资本的流动性进行测度，然后借鉴严浩坤（2008）的"剔除法"[①]对东部、中部、西部、东北地区的资本流动性及区域间的相对流向做测度。数据方面，支出法国内生产总值、固定资产形成总额、最终消费均采自《中国统计年鉴》，研究时段为2000—2017年，数据采用当年价格。具体计算结果见表5-4。

全国和剔除各地区后的储蓄保留系数及比较（2000—2017年）　　　表 5-4

年份（年）	$\beta_{全国}$	$\beta_{剔除东部}$	$\beta_{剔除中部}$	$\beta_{剔除西部}$	$\beta_{剔除东北}$	地区间 β 比较
2000	0.129	−0.203	−0.033	0.616**	0.126	东 < 中 < 东北 < 全国 < 西
2001	−0.121	−0.652	−0.335	0.578**	−0.142	东 < 中 < 东北 < 全国 < 西
2002	−0.268	−0.803	−0.473	0.521*	−0.287	东 < 中 < 东北 < 全国 < 西
2003	−0.246	−0.376	−0.397	0.528*	−0.259	中 < 东 < 东北 < 全国 < 西
2004	−0.476*	−0.679	−0.627	0.577*	−0.502	东 < 中 < 东北 < 全国 < 西
2005	−0.265	−0.211	−0.385	0.299	−0.230	中 < 全国 < 东北 < 东 < 西
2006	−0.111	0.082	−0.253	0.294	−0.108	中 < 全国 < 东北 < 东 < 西
2007	−0.225	−0.068	−0.305	0.376	−0.291	中 < 东北 < 全国 < 东 < 西
2008	−0.079	0.047	−0.165	0.649*	−0.233	东北 < 中 < 全国 < 东 < 西
2009	−0.127	0.042	−0.124	0.425	−0.219	东北 < 全国 < 中 < 东 < 西
2010	−0.361	−0.433	−0.389	0.933	−0.517	东北 < 东 < 全国 < 中 < 西
2011	0.072	−0.147	0.031	1.197**	−0.025	东 < 东北 < 中 < 全国 < 西
2012	−0.227	−0.619	−0.220	1.076*	−0.318	东 < 东北 < 全国 < 中 < 西
2013	−0.335	−0.784	−0.307	0.794	−0.388	东 < 东北 < 全国 < 中 < 西
2014	−0.552	−1.221	−0.470	0.868*	−0.629	东 < 东北 < 全国 < 中 < 西
2015	−0.019*	−1.345*	−0.972	0.422	−1.160*	东 < 东北 < 中 < 全国 < 西
2016	−1.265**	−1.388*	−1.252*	0.338	−1.598**	东北 < 东 全国 << 中 < 西
2017	−1.427**	−1.565**	−1.506**	0.459	−1.735**	东北 < 东 < 中 < 全国 < 西
样本数	N=31	N=21	N=21	N=23	N=28	—

注：1. 对通常的东、中、西部划分方式做了一定调整，东部包括北京、天津、河北、上海、江苏、浙江、福建、山东、广东、海南；中部包括山西、安徽、江西、河南、湖北、湖南、广西、重庆、四川、陕西；西部包括内蒙古、贵州、云南、西藏、甘肃、青海、宁夏、新疆；东北包括辽宁、吉林、黑龙江。

2. **和*表示 β 值的显著性程度；**表示 $p<0.01$，即在1%水平上显著（极显著相关）；*表示 $p<0.05$，即在5%水平上显著（显著相关）。

数据来源：《中国统计年鉴》

[①] "剔除法"指从全样本中剔除了东部、中部、西部和东北样本，来考察剩余省份的 β 值，并与全样本 β 值做比较，若剔除某区域样本后的 β 值小于全样本 β 值，则该区域是资本的相对流入区，反之为资本的相对流出区。

分析结果表明:

1. 全国的资本流动性(图5-7)

全国的资本流动性总体上趋于增强,但在近年来又有所下降。根据测度结果,储蓄保留系数β值在2000—2004年间的大多数年份均不显著,并持续下降,说明该阶段区域间的资本流动性程度较高且逐渐提升;2005—2011年间,β值均不显著,并在-0.5 ~ 0.1间波动,总体上有所上升,说明该阶段区域间的资本流动性有所下降;2012—2014年间,β值均不显著且持续下降,并基本上均为负值,说明该阶段区域间的资本流动性又有所提升;2014年后,β值开始变得显著起来,说明该时期区域间的资本流动性再次出现下降。

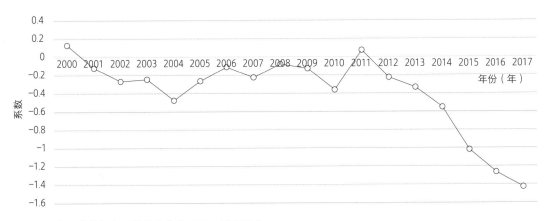

图5-7 全国储蓄保留系数的变化(2000—2017年)
数据来源:《中国统计年鉴》

2. 分地区的资本流动性及流向特征(图5-8)

(1)在2000—2004年间,大多年份为剔除西部的流动性>剔除东北的流动性>剔除中部的流动性>剔除东部的流动性,且除剔除西部外的其他地区的β值在大部分年份均不显著,说明东部、中部、东北、西部相对其他区域的资本流入速度逐次降低,西部是资本流出区,而其他三个区域为资本相对流入区,且东部地区的资本相对流入最快。

(2)在2005—2007年间,剔除西部的流动性>剔除东部的流动性>剔除东北的流动性>剔除中部的流动性,且所有地区在所有年份的β值均不显著,说明中部、东北、东部、西部相对其他区域的资本流入速度逐次降低,西部仍为资本

图5-8　剔除各地区后及全国的储蓄保留系数变化（2000—2017年）

数据来源：《中国统计年鉴》

流出区，而其他三个区域仍为资本相对流入区，且中部地区的资本相对流入最快。与上一阶段相比较，此阶段东部地区的资本相对流入速度要慢于中部和东北地区，说明资本积累的增长中心发生了从东部沿海向中部和东北地区的转移。

（3）在2008—2010年间，大多年份为剔除西部的流动性>剔除东部的流动性>剔除中部的流动性>剔除东北的流动性，且所有地区在大部分年份的β值均不显著，说明东北、中部、东部、西部相对其他区域的资本流入速度逐次降低，西部仍为资本流出区，而其他三个区域仍为资本相对流入区，且东北地区的资本相对流入最快。在此阶段，资本从东部向中部的相对流入减速，而向东北的相对流入加速，资本积累的增长中心有从东部和中部向东北移动的特征。

（4）在2011—2014年间，剔除西部的流动性>剔除中部的流动性>剔除东北的流动性>剔除东部的流动性，且除剔除西部外的其他地区的β值在大部分年份均不显著，说明东部、东北、中部、西部相对其他区域的资本流入速度逐次降低，西部仍为资本流出区，而其他三个区域仍为资本相对流入区，且东部地区的资本相对流入最快。该阶段的东部与中西部之间的资本流动关系又回到了2000—2005年间的状态，东部地区的资本相对流入最快，资本积累的增长中心又有向东部沿海移动的趋势。

（5）2014年后，各区域间的资本相对流动方向基本上保持上一阶段的状态，即东部地区的资本相对流入最快，资本积累的增长中心继续向东部沿海移动，但大多数地区的β值开始变得显著，区域间资本的流动性有所下降。

总的来看，各区域间的资本流动方向基本上经历了2005年之前资本向东部流动，2005—2010年间资本向中西部的流入有所加速，但2011年后又回到由中西部向东部加速流入状态的过程，且在2014年后区域间的流动性出现了整体性的下降。这与前文分析发现的城镇资本积累在2005年后出现区域间收敛，以及增长中心由华东、华北等先发地区向中南、西南等后发地区转移的情景基本相符，而且2005年左右是一个关键节点。在此过程中，个体与私营、其他有限责任公司等市场性资本有很大贡献，这主要得益于社会权利结构的演变，以及资本及市场、劳动力个体及家庭等主体日益增长的空间流动权利。这种空间流动逻辑应当是遵循区域间资本回报率相对关系变化的，因而还有必要对区域间的资本回报率变化情景进行考察与分析。

5.4.2　资本回报率的变化

借鉴CCER"中国经济观察"研究组（2007）的研究，以微观资本回报率指标计算全国及分地区的资本回报率，然后判断资本回报率与地区间资本流动及积累状态之间的关系。由于数据有限，本研究也同既有文献一致，只计算规模以上工业企业的资本回报率，研究分为全国、各大区两个尺度。

资本回报率的计算公式如下：

$$规模以上工业企业资本回报率=\frac{规模以上工业企业利润总额}{规模以上工业企业资产总计}$$

1. 全国规模以上工业企业资本回报率的变化

研究时段为2000—2020年，数据采自相应年份的《中国统计年鉴》。分析结果表明，全国规模以上工业企业资本回报率在2000—2011年间总体上持续上升，直到2011年达到最高点9%以上，在此之后又有所下降（图5-9）。而且，2011年前的测度结果与CCER"中国经济观察"研究组（2007）、徐建国和张勋（2013）的结果基本一致。

进一步计算全国层面分行业和分经济类型的规模以上工业企业资本回报

图5-9　全国规模以上工业企业的资本回报率变化（2000—2020年）
数据来源：《中国统计年鉴》

—○— 资源密集型产业　　—○— 劳动密集型制造业　　—○— 资本密集型制造业　　—●— 全国总体

图5-10　全国各行业规模以上工业企业的资本回报率变化（2001—2020年）
数据来源：《中国统计年鉴》

率，两种分类下各类资本的回报率变化均与全国特征基本一致——在2010
（2011）年之前均处于上升区间，在2010（2011）年前后达至最高点，之后又
有所下降。具体的变化特征如下（图5-10、图5-11）：

（1）分行业类型：劳动密集型制造业和资本密集型制造业的资本回报率
与总体变化特征基本类似，也呈现2001—2010（2011）年持续上升，到2010
（2011）年前后达到最高点后又趋于下降的状态；资源密集型产业则与总体变

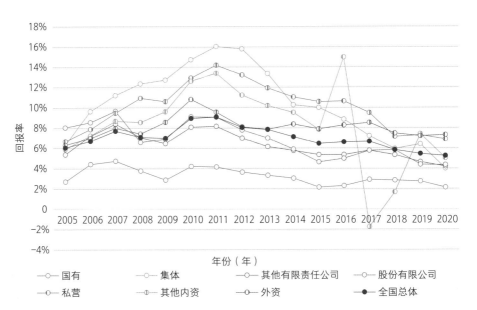

图5-11 全国各经济类型规模以上工业企业的资本回报率变化（2005—2020年）
数据来源：《中国统计年鉴》

化特征有较大差异，在2008年前一直高于全国总体水平，但在2008年后开始快速下降，并一直低于全国总体水平。

（2）分经济类型：各经济类型资本的回报率基本呈现"集体>私营>其他内资>外资>股份有限公司>全国总体水平>其他有限责任公司>国有"的特征，且大多也呈先升后降的状态。其中有较大变化的是集体、股份有限责任公司两类资本，从高于全国平均水平转为低于全国平均水平。另外，其他内资的回报率变化波动幅度较大。

综上所述，我国的规模以上工业企业资本回报率呈现先升后降的总体特征，而且2010年后出现的下降是各行业和各经济类型资本的合力所致，而资源密集型产业，以及国有、股份有限公司、其他有限责任公司等经济类型的资本积累对回报率下降的影响更为明显。

2. 分地区规模以上工业企业资本回报率的变化

分别计算8个分区规模以上工业企业的资本回报率，研究时段为2001—2020年（图5-12）。分析表明，各地区的资本回报率变化特征也与全国先升后降的特征基本一致，但西部的最高点出现得更早。从各地区之间以及与全国总体水平的比较来看，2001年的排序为"东北>华东>华北>华南>全国总体水平>

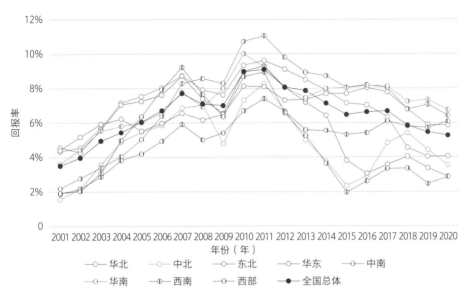

图5-12 分地区规模以上工业企业资本回报率的变化（2001—2020年）
数据来源：《中国统计年鉴》

中南>西部>西南>中北"。到2010年，排序变化为"中南>华南>华北>东北>全
国总体水平>西部>华东>中北>西南"。再到2020年，排序又变化为"华南>中
南>西南>华东>全国总体>华北>中北>东北>西部"。其中有明显变化的是，中
南、西南地区逐步由低于全国总体水平转变为高于总体水平且高于华东地区水
平，华北、东北地区则由高于全国总体水平逐步转变为低于总体水平，而华东
地区资本回报率的排序也趋于下降，这一转变主要发生在2006年前后，这与东
部与中西部（尤其是与中南、西南地区）之间的资本积累增速收敛和增长中心
转移（2005年前后），以及东部地区资本向中西部相对加速流动（2005年前后）
的发生时点基本吻合，这说明资本回报率的变化确实是引发区域间资本流动与
积累格局变动的重要因素。

3．资本回报率变化的影响因素

各地区规模以上工业企业资本回报率的变化源于多方面的因素，劳动力
成本、土地成本、政策支持等都对资本回报率有着重要的影响。而且，全国
以及地区间资本流动性变动的影响也至关重要。然而，资本回报率变化的原
因尚存在复杂的影响机制，需要在控制更多相关变量的情景下开展研究，这已
超出了本研究的关注范围，因而不再做细致分析和阐述。从田野经验以及相关

文献可以判断，东部地区日益提升的劳动力成本和土地成本应当是其资本回报率下降，并促发产业及其资本积累向中西部地区转移的重要因素。而且，国家实施的中部崛起、西部开发等区域战略以及相关的配套政策等也应当对中西部地区资本回报率的提升以及产业在这些地区的转移集聚有所影响，尤其是中南地区。

5.5 小结与讨论

资本积累与流动是经济增长的主要表现形式之一，也是城镇化发展的基础性因素。为此，本章对城镇化中的资本积累与流动做了扫描式的回顾，并基于研究框架开展了实证研究。分析表明，在2003年后，城镇房地产业、资本密集型制造业、公共服务业的资本积累均有较大规模的增长，增速较快的则为劳动密集型制造业和资本密集型制造业；而在各经济类型中，个体与私营、其他有限责任公司等市场性资本的增长规模较大，增速也较快。而且，以2005年为节点，全国的城镇资本积累增速出现了区域间的收敛现象，增长中心也由华东、华北、华南等先发地区向中南、西南等后发地区转移，尤其是中南地区，这也间接表明了东部地区资本有向这些地区加速流动的趋势。资本向中西部的流动既受市场因素也受政策因素影响，并与权利结构的演变和中央政府对中西部的政策倾斜相关联，但这种政策性影响有一定的时滞性。而且，这也与本书研究框架中提出的"资本积累与流动逻辑"相符。

在此基础上，本章还从分行业和分经济类型两个视角对城镇资本积累的空间格局变动做了分析。各行业类型与大多经济类型城镇资本积累的空间格局变动均与总的资本积累变动特征相似，出现了积累速度在东部与中西部之间的收敛以及资本由东部沿海向中西部地区的相对流动。而且，生活性服务业、房地产业、公共服务业、建筑业等生产生活配套类产业资本积累的收敛幅度总体上要慢于劳动密集型和资本密集型两类制造业，从而形成"以制造业资本积累收敛为先导，各类服务配套类产业跟进收敛"的状态。最后，本章揭示了我国资本流动性与资本回报率均在整体上呈现趋于下降的特征，同时还出现了中南、西南等地区资本回报率相对上升和华东地区资本回报率相对下降这一此消彼长的现象，这与东部与中西部之间尤其是与中南、西南地区之间的城镇资本积累增速收敛与增长中心转移，以及资本流动方向变化的情景及发生时点基本吻合，也进一步说明资本回报率的变化是引发区域间资本流动及资本积累格局变动的重要因素。

以上分析表明，多样化的市场性资本凭借其更灵活的投资方式、更快的流动速度，以及更强的就业吸纳能力，有效地促进了城镇资本积累在局部区域间的收敛，尤其是制造业中个体与私营等市场性资本的贡献颇大，而其深层原因仍在于权利结构的变动以及向资本及市场、劳动力个体及家庭的更大放权。虽然本章揭示了资本流动性变化所引发的城镇资本积累格局变动与区域收敛，但由于中央各类政策干预和地方保护主义的存在，这种收敛也并非完全由市场因素所决定，其余的政策性原因还有待于进一步的实证研究。而且，我国区域间的资本流动性和回报率均出现了整体性的下降，这也需要从建立全国统一要素市场、破除资本流动障碍等方面进行政策优化。总的来说，本章的分析仍主要从资本积累和流动本身的情景做出判断，资本积累带动城镇化发展的效应及不同类型资本的差异究竟如何，还有必要做进一步的深入分析。

第 6 章

资本、地理与城镇化：
资本积累的城镇化效应实证

本章通过实证分析，检验了资本积累对城镇人口增长和城镇化发展效应的分阶段特征，以及不同行业资本间的效应差异，同时还通过对其他变量的控制分析了地理区位、人口自然增长、经济发展水平、城镇居民收入水平等因素对城镇化的影响。

6.1 资本积累与城镇化的关系判断及既有研究评述

6.1.1 资本积累与城镇化的关系判断

在对资本积累的城镇化效应进行实证分析前，有必要先对资本积累与城镇化发展的相关性及相关程度进行预判。考察时段为2003—2005年、2006—2008年、2009—2011年、2012—2014年、2015—2019年，样本为全国31个省（市、自治区），资本积累用某阶段内的累计城镇固定资产投资额表示，并换算为2000年不变价，城镇化发展用相应阶段内的城镇人口增量表示。分析结果表明，城镇累计固定资产投资与城镇人口增量在4个阶段均存在0.1%水平上的显著相关关系，且5个阶段回归方程的拟合度（R^2）均较高（2003—2005年、2006—2008年、2009—2011年、2012—2014年、2015—2019年分别为0.568、0.521、0.632、0.614、0.725），但累计城镇固定资产投资的回归系数却总体上趋于下降（4个阶段分别为0.067、0.030、0.025、0.013、0.026）（图6-1）。这说明资本积累确实是城镇人口增加和城镇化发展的重要推动力，但这种推动作用总体上有所弱化或是发生结构性转变，然而在2014年后这种推动作用又有一定程度的提升。

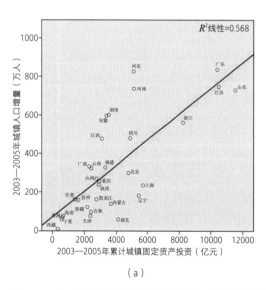

（a）

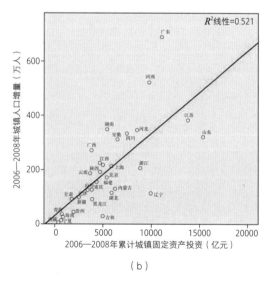

（b）

图6-1 不同时段累计城镇固定资产投资（2000年不变价）与城镇人口增量的关系

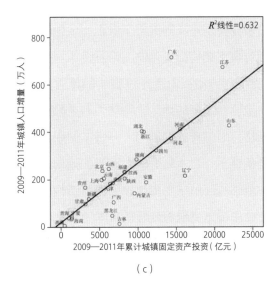

（c）

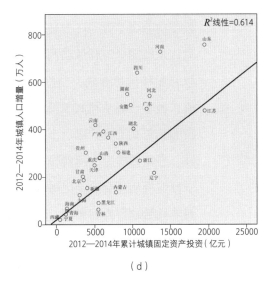

（d）

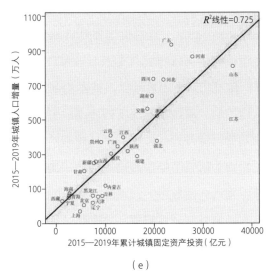

（e）

图6-1　不同时段累计城镇固定资产投资（2000年不变价）与城镇人口增量的关系（续）

数据来源：第五次/第六次全国人口普查公报和分省人口普查资料、《中国统计年鉴》《中国固定资产投资统计年鉴》《固定资产投资统计年报》《中国投资领域统计年鉴》

6.1.2　既有研究评述

资本积累与城镇化之间的关系主要表现为资本积累与城镇人口和城镇劳动力增长之间的关系，这是经济学中的传统研究命题，且不同时期的各类理论流派均有所涉及。具体来说，斯密早在《国富论》中就对资本与劳动的关系做了阐述，并讨论了等量资本对农业、制造业、批发业和零售业4种行业生产性劳动量的推动效应。在发展经济学相关理论方面，刘易斯城乡二元模型假设工业部门资本积累的速度和吸纳农村劳动力的速度同步。与之类似，哈罗德-多马模型中的资本劳动比也是固定的。而索罗模型对其则进行了修正，认为资本劳动比是根据资本和劳动两种要素的相对禀赋结构而变化的，而且资本与劳动可以有多种组合形式。新古典主义将资本与劳动视为生产过程中的两种生产要素，资本一般从利润率低的地区流动至利润率高的地区，劳动力则在绝对高工资和相对高工资的吸引下发生空间迁移，而工资的提高离不开资本的积累和流动。在新古典主义所假设的完全市场条件下，资本和劳动力要素的流动在经过一段时间后还会达至区域间的均衡。新结构经济学则提出按照禀赋结构来配置资本和劳动要素的思路，认为现代社会中决定发展和变迁的根本力量在于要素禀赋结构从低资本劳动比向高资本劳动比的提升（林毅夫，2012）。而在实证研究方面，既有文献有如下探索。

首先，文献就资本积累对人口流动和城镇化的总体效应以及二者间的关系做了实证研究。如Bassetto和McGranahan（2021）在对美国各州的研究中发现，公共资本支出（包括教育、航空运输等64项政府公共支出）与人口总流动性有正相关关系。Qiang和Hu（2022）在对北京市内流动人口的动力研究中发现，2000—2015年中大部分时间的人口流动，特别是农民工的流动，主要由资本流动所驱动，但在2015年后资本驱动的力量开始让位于越来越趋紧的人口规模控制政策。尚娟等（Shang et al.，2018）研究了中国城镇化1985—2014年间人口增长与资本配置效率之间的关系，发现伴随城市人口增加，城乡间资本边际产出率差异趋于扩大，这说明城市人口增长与资本配置在城市化过程中并不匹配，尤其是农村地区从资本配置中获得的收益较少。李郇和洪国志（2013）从人均资本的视角看待城镇化与资本积累之间的关系，他们将城市人口迁移过程视为物质资本和人力资本迁移的过程，新增户籍人口对经济产出的影响是以其携带的平均物质资本和人力资本组合为条件的。当新增人口对城市原有资本产生稀释作用时，人均产出收敛于更低稳态水平。而当新增人口对城市原有资本产生稠化作用时，人均产出则收敛于更高稳态水平。

其次，不同类型的资本对城镇化的影响作用也有所不同（吴俊培 等，2016），目前已有文献就各类型资本（或投资，下同）对城镇化的影响做了实证研究，具体如下：①不同行业类型资本对城镇化的影响。如公共服务投资对城镇化进程有显著影响，并且存在一定的时滞性（罗丽英 等，2014）。②不同经济类型资本对城镇化的影响，包括对政府/国有投资和民间投资、资本密集型投资和劳动密集型投资、国际直接投资（FDI）等类型资本影响效应的分析，具体包括以下三方面。

（1）政府资本（投资）和民间资本（投资）对城镇化的差异化影响。政府在基础设施等领域的规模性和垄断性投资带动了城镇化水平的大幅提升，对城镇化发展有间接影响，但具有滞后性；民间资本则能通过投资和为劳动力提供就业机会的方式直接推动城镇化发展。而且，政府投资会对民间投资产生"挤出"效应，并使得政府投资与民间投资在推动城镇化发展上的协同性偏弱（吴俊培 等，2016；张秀利 等，2014）。同时，陆铭和欧海军（2011）还发现地方政府在竞争压力、税收最大化、规模经济效应等驱使下更加倾向于推动资本密集型产业的发展，虽然这些产业能带来快速经济增长，但其吸纳就业能力相对有限，因而其对城镇化的贡献也就较小。但也有研究发现，公共投资对本地区的私人投资有正向挤入作用，而对邻近地区的私人投资则有负向溢出效应（杨飞虎、王爱爱，2021）。

（2）资本密集型投资和劳动密集型投资对城镇化的差异化影响。我国城市中的资本密集型产业存在投资倾向，这不仅促进了城市产业部门的资本深化，降低了城市吸纳劳动力就业的能力（沈可 等，2013），而且还会蚕食城镇化对缩小城乡收入差距的贡献（徐雷 等，2016），可以说对城镇化有一定的抑制作用。然而，也有研究发现，资本密集型产业对劳动力就业及增收的带动虽然不像劳动密集型产业那样直接，但仍能通过对储蓄量的提升来带动投资与经济增长，从长期来看仍然有助于扩大就业。因而，劳动密集型产业与资本密集型产业并非互相排斥，而是可以协调发展的（邓良 等，2010），这也从理论上佐证了本书第5章揭示的劳动密集型制造业与资本密集型制造业资本积累规模之间的高度关联特征。

（3）既有文献普遍发现FDI对城镇化发展有显著影响，而且这种影响逐渐增强（赵爽 等，2020），但也有研究发现FDI与城镇化率的关系呈现倒U形特征（孙浦阳 等，2010）。具体来说，FDI对城镇化发展的影响方式有两类：一种是直接效应，即FDI通过创造就业岗位、促进工资溢价等途径来增强经济增长对非农就业转移的吸引力（孙浦阳 等，2010；朱金生，2005）；另一种则是通过优化进出口贸易和产业结构、提高单位GDP增长等间接效应来促进就业转移（陆铭 等，2011；朱金生，2005）。而且，还有文献指出FDI对不同地区城镇化的影响具有差异，具体表现为对东部和西部地区的城镇化影响趋于增强，而对中部地区城镇化的影响则趋于减弱（Wu et al.，2016；赵爽 等，2020）。

6.2 资本积累的城镇化总体效应实证

6.2.1 模型建构

根据研究框架，在充分市场环境下，资本的投入可创造出就业岗位，并提高劳动力个体及家庭的潜在收入和社会地位。在此吸引下，个体及家庭会在其权利功用理性驱使下随资本流动而发生跨区域的迁移。上文就资本积累与城镇化之间关系的判断对其做了初步的验证，下面则通过构建面板数据回归模型来进一步探讨资本积累、地理区位，以及其他因素对城镇人口集聚和城镇化发展的总体带动效应及内在机制，即"模型A：资本积累的城镇化总体效应模型"。在模型中，以各阶段城镇人口增量为因变量，各阶段累计城镇固定资产投资额为自变量（采用累计规模的优点在于能够消除某些年份固定资产投资额的突变），同时考虑到本地城镇人口自然增长、经济发展水平，以及城镇居民收入水平等因素均可能影响某地区城镇人口的流入与增加，因而以城镇人口自然增量、既有经济发展水平、既有城镇居民收入水平等为控制变量，并以分阶段城镇人口累计自然增长规模、期初人均GDP、期初城镇居民人均可支配收入进行取值。同时，由于空间迁移需要克服来自地理距离的摩擦成本，地理区位也会对城镇人口增量和城镇化带来影响，因而引入"东部""中部""西部"3个哑变量对地区的影响作用进行控制。

模型A（资本积累的城镇化总体效应模型）：

城镇人口增量$=\alpha+\beta_1 \cdot$累计城镇固定资产投资$_i+\beta_2 \cdot$城镇人口累计自然增长

规模$_i$+β_3·期初人均GDP$_i$+β_4·期初城镇人均可支配收入$_i$+β_5·东部$_i$+β_6·中部$_i$+β_7·西部$_i$+ε_i

其中，"累计城镇固定资产投资""城镇人口累计自然增长规模""期初人均GDP""期初城镇人均可支配收入""东部""中部""西部"为自变量。前4项自变量的数据采用31个省（市、自治区）面板数据，来源于《中国统计年鉴》《中国固定资产投资统计年鉴》、第五次/第六次全国人口普查公报等，城镇固定资产投资、人均GDP、城镇人均可支配收入数据均换算为2000年不变价。"东部""中部""西部"为三个哑变量，其赋值规则为：若"是"为1；若"不是"为0。式中的α为常数项，β_1~β_7为自变量系数，ε_i为随机干扰项，i表示省（市、自治区），取值范围为1~31。

共考察2003—2005年、2006—2008年、2009—2011年、2012—2014年、2015—2019年共5个阶段。其中，由于2002—2004年分省（市、自治区）城镇人口数据缺失，在计算2003—2005年城镇人口增量时，2002年底的城镇人口用2000年数据近似代替；在计算城镇人口累计自然增长规模时，2003年和2004年的城镇人口规模用2005年数据近似代替。

6.2.2　实证解释

分别对5个阶段的累计城镇固定资产投资额与城镇人口增量做回归分析，同时对其他变量进行控制，并分别在不控制地区变量和控制地区变量两种情景下进行解释（表6-1）。

资本积累的城镇化总体效应实证　　　　　表6-1

	A—1 2003—2005 年控制地区	A—2 2003—2005 年不控制地区	A—3 2006—2008 年控制地区	A—4 2006—2008 年不控制地区	A—5 2009—2011 年控制地区	A—6 2009—2011 年不控制地区
累计城镇固定资产投资	0.044** （0.015）	0.049** （0.015）	0.013* （0.005）	0.013* （0.005）	0.020*** （0.004）	0.017*** （0.004）
累计城镇人口自然增长规模	0.371* （0.163）	0.425* （0.174）	0.400*** （0.075）	0.406*** （0.083）	0.130 （0.066）	0.169* （0.061）
期初人均GDP	−0.001 （0.010）	−0.002 （0.010）	0.007 （0.006）	0.001 （0.006）	−0.004 （0.008）	−0.006 （0.007）

续表

	A—1 2003—2005 年控制地区	A—2 2003—2005 年不控制地区	A—3 2006—2008 年控制地区	A—4 2006—2008 年不控制地区	A—5 2009—2011 年控制地区	A—6 2009—2011 年不控制地区
期初城镇人均可支配收入	−0.031 （0.038）	−0.013 （0.037）	−0.007 （0.020）	0.002 （0.022）	0.036 （0.028）	0.048 （0.026）
东部	200.795 （113.605）		31.550 （54.993）		106.243 （73.364）	
中部	193.312 （98.081）		129.657* （48.271）		100.461 （63.347）	
西部	49.761 （104.578）		55.213 （51.407）		115.084 （64.881）	
常数项	124.306 （160.753）	124.521 （157.524）	−77.396 （81.324）	−17.540 （83.669）	−287.520 （118.837）	−239.216 （101.570）
样本量	31	31	31	31	31	31
调整的 R^2	0.716	0.669	0.816	0.755	0.780	0.776

	A—7 2012—2014 年控制地区	A—8 2012—2014 年不控制地区	A—9 2015—2019 年控制地区	A—10 2015—2019 年不控制地区		
累计城镇固定资产投资	0.010*** （0.002）	0.010*** （0.002）	0.017*** （0.003）	0.017*** （0.003）		
累计城镇人口自然增长规模	0.105 （0.055）	0.148* （0.058）	0.176*** （0.041）	0.181*** （0.037）		
期初人均 GDP	−0.004 （0.004）	−0.007 （0.005）	−0.014* （0.006）	−0.016** （0.005）		
期初城镇人均可支配收入	0.002 （0.015）	0.011 （0.016）	0.008 （0.018）	0.012 （0.017）		
东部	79.598 （49.866）		54.781 （77.235）			
中部	135.293** （41.293）		90.706 （65.039）			
西部	68.754 （41.268）		54.714 （63.695）			
常数项	−14.840 （70.318）	45.134 （61.210）	56.711 （103.247）	105.729 （76.396）		
样本量	31	31	31	31		
调整的 R^2	0.821	0.751	0.901	0.904		

注：1. 括号内数字为标准误差，***表示$p<0.001$；**表示$p<0.01$；*表示$p<0.05$。

2. 对通常的东中西部划分方式做了一定调整，东部包括北京、天津、河北、上海、江苏、浙江、福建、山东、广东、海南；中部包括山西、安徽、江西、河南、湖北、湖南、广西、重庆、四川、陕西；西部包括内蒙古、贵州、云南、西藏、甘肃、青海、宁夏、新疆。

模型A的实证结果表明：

（1）5个阶段无论是否控制地区变量，模型整体的显著性均在0.1%水平以上，且R^2大部分较高，说明模型的解释力较强。

（2）累计城镇固定资产投资的系数在各阶段各情景下均为正且显著性一直较高，说明资本积累对城镇人口增量和城镇化发展的带动效应较强。从系数变化来看，累计城镇固定资产投资对城镇人口增量的影响总体上趋于减小，但在2014年后又有一定程度提升，说明资本积累对城镇化的带动效应总体上趋于弱化，但在近年又有一定程度提升，这与上文对资本积累和城镇化间关系的初步判断基本一致。

（3）地区哑变量"东部""中部""西部"表示地理区位对城镇化发展的带动效应。分析表明，控制地区变量后的情况在不同阶段间并不一致。2006—2014年间，"中部"哑变量在大多时候均为显著，且显著性和系数均有所提升，说明相较于其他地区，中部地区的城镇人口增量更为显著，其原因主要在于中部新增城镇人口中有部分考虑了靠近家乡的地理效应和社会性因素等而留在中部，从而实现了就地和近域城镇化。但在2015—2019年，"中部"哑变量变得不再显著，而资本积累变量和城镇人口自然增长变量的显著性及系数均较上一阶段有所提升，说明此时期地理区位对城镇化的带动效应又有弱化，这很大程度上应当源于此时期出现的大城市人口争夺以及国家对城市群、都市圈发展的政策支持，而这些政策主要通过资本积累途径发生作用，从而削弱了中部地区的地理效应。

（4）"城镇人口累计自然增长规模"变量在多数阶段和情景下均为显著。虽然其显著性在多数情况下不及累计城镇固定资产投资或者基本相当，但其系数始终是累计城镇固定资产投资的数倍甚至数十倍之多，说明人口自然增长是带动城镇人口增加的关键因素，对其进行控制也能够更好地显示资本积累对城镇人口增长和城镇化的带动效应，但由于我国各地人口自然增长率的不断下降，其带动效应也在总体上趋于弱化。

（5）"期初人均GDP"变量仅在2015—2019年的两个情景下显著，且在不控制地区变量时显著性更高，但系数为负，说明地区经济发展水平对城镇人口增长具有一定的收敛效应，经济欠发达的中西部对城镇人口转移的吸引力更强。这应当是因为东部地区随着生活成本的提升以及人口规模管控力度的增强，对人口流入产生了日渐显现的排斥效应。而中西部则随着资本积累中心的加快转移，就业机会开始增多，就业工资与东部的差距也越来越小，但在生活成本上却有着显著优势，从而吸引了越来越多的新增城镇人口流入。这也进一步说明，劳动力个体及家庭的迁移行为开始更多地考虑地理邻近和社会性等因素，对经济性因素的考虑则有所下降。模型中引入的"期初人均可支配收入"变量一直不显著，应当在于其对城镇化的影响已经包含在了城镇固定资产投资和期初人均GDP变量的带动效应之中。

综上所述，模型A的实证结果显示，资本积累对城镇化发展的总体效应存在以下几点特征：①资本积累对城镇化的带动效应总体上趋于弱化，但在近年来又有一定程度提升，影响效应的减弱应当是源于资本边际报酬的递减以及不断突出的资本深化现象；②在资本积累对城镇化带动效应总体趋于下降，劳动力个体及家庭越来越关注生活成本、社会关系、家庭功能、生活满意度等社会性因素的背景下，中西部地区的地理因素对城镇化的带动效应也出现提升，而资本积累等经济性因素对城镇化的带动效应则相应下降，并使得在地和近域城镇化的规模不断扩大。但在2014年之后，资本积累对城镇化的带动效应又出现一定提升，地理效应则又变得不再显著。

6.3 分类型资本积累的城镇化效应实证

6.3.1 模型建构

既有文献表明不同行业和经济类型的资本积累对城镇化的带动效应有所差异，因而在对资本积累的城镇化总体效应进行分析的基础上，还需对分类型资本积累的城镇化效应进行实证研究。由于数据的可获取性和统计口径因素，这里仅对分行业资本积累的城镇化效应进行分析，并构建"模型B：分类型资本积累的城镇化效应模型"。在模型中，以各阶段城镇人口增量为因变量，各阶段分行业累计城镇固定资产投资、地理区位为自变量和控制变量。由于模型A

已经控制了其他变量，模型B主要甄别不同行业类型资本积累的效应差异，因而仅对"东部""中部""西部"3个地区哑变量做了控制，未对其他变量进行控制。

模型B（分类型资本积累的城镇化效应模型）：

城镇人口增量=α+β_1·资源密集型产业累计固投$_i$+β_2·劳动密集型制造业累计固投$_i$+β_3·资本密集型制造业累计固投$_i$+β_4·建筑业累计固投$_i$+β_5·生活性服务业累计固投$_i$+β_6·生产性服务业累计固投$_i$+β_7·房地产业累计固投$_i$+β_8·公共服务业累计固投$_i$+β_9·东部$_i$+β_{10}·中部$_i$+β_{11}·西部$_i$+ε_i

其中，各类行业的累计固定资产投资、"东部""中部""西部"为自变量。前8项自变量的数据采用31个省（市、自治区）面板数据，数据来源和处理方式均同模型A。"东部""中部""西部"为3个哑变量，其赋值规则为：若"是"为1；若"不是"为0。式中的α为常数项，β_1~β_{11}为自变量系数，ε_i为随机干扰项，i表示省（市、自治区），取值范围为1~31。

共考察2003—2005年、2006—2008年、2009—2011年、2012—2014年、2015—2019年5个阶段，缺失数据的处理方式也与模型A一致。

6.3.2 实证解释

分别对5个阶段的分行业累计城镇固定资产投资额与城镇人口增量做回归分析，并分别在不控制地区变量和控制地区变量两种情景下进行解释（表6-2）。模型B的实证结果表明，5个阶段中的大多数时段和大多数情景下，模型整体的显著性均在0.1%水平以上，且R^2大部分较高尤其是2009年之后，说明模型对2009年之后不同行业资本积累对城镇化作用的解释力较强。然而，并没有一种行业固定资产投资的回归系数在所有阶段和所有情景下均为显著，但仍反映出不同行业资本积累对城镇人口增长和城镇化带动效应的差异。

模型B的实证结果表明：

（1）劳动密集型制造业资本积累的回归系数在2009年后的部分阶段和情景下均为正且较为显著，说明其对城镇化的带动效应较大，而且由于其较强的就业吸纳能力而成为资本积累对城镇化总体效应的主要贡献者；但回归系数趋于下降，且在2014年后变得不再显著，说明劳动密集型制造业资本积累对城镇化发展的带动效应总体上有所弱化。

（2）资本密集型制造业资本积累的回归系数在2009—2014年间的部分情景下虽然显著但为负，说明资本密集型制造业投资的带动效应不仅整体上弱于劳动密集型制造业，而且在技术进步改变劳动用工状况和单位产值用工数量下降的背景下，还开始出现了排斥劳动力的现象。从回归系数的变化来看，这种收敛效应有下降的趋势，但在2014年后同样变得不再显著。

（3）生产性服务业资本积累的回归系数在2003—2005年间为正且显著，但之后一直不显著，说明其在当时环境下对城镇人口增长和城镇化发展有一定的带动效应，主要是由于此时的发展规模尚不饱和，生产性服务业的资本积累能够带动一定规模的劳动力而且是高素质劳动力实现城镇化转移；但当发展到一定规模后，生产性服务业资本积累的就业吸纳能力出现边际下降，对城镇化发展的贡献也随之减弱。

（4）资源密集型产业资本积累的回归系数在2014年后为正且显著，其对城镇人口增长和城镇化发展的带动作用有所提升，且高于其他各类产业，其中的具体原因仍有待进一步考证。

（5）生活性服务业、房地产业、公共服务业资本积累对城镇化的带动效应仅在少数年份和情景下显著，规律性不明显，其对城镇化的影响相对有限。

（6）地理效应不仅表现在中部地区，还进一步表现在西部地区，而且存在阶段性的差异。2006—2008年间，"中部"哑变量显著，而各类行业固定资产投资均不显著，说明中部地区的地理效应对城镇化的带动要强于甚至替代了资本积累的作用。2009—2014年间，不仅"中部"哑变量显著，"西部"哑变量也变得显著起来，这说明地理因素对城镇化的带动效应进一步增强，而且距离摩擦对劳动力迁移的影响作用出现提升，其原因也应当是资本积累增长中心内迁、新增城镇人口对社会性因素考虑增多等。但在2015—2019年间，地理效应又变得不再显著，各行业中也仅有资源密集型产业的系数显著为正，说明与资本积累的总体效应分析类似，地理区位对城镇化的带动效应又有所弱化。

分类型资本积累的城镇化效应实证　　　　表 6-2

	B—1 2003—2005 年控制地区	B—2 2003—2005 年不控制地区	B—3 2006—2008 年控制地区	B—4 2006—2008 年不控制地区	B—5 2009—2011 年控制地区	B—6 2009—2011 年不控制地区
资源	−0.266 (0.212)	−0.312 (0.201)	0.140 (0.074)	0.079 (0.074)	0.026 (0.040)	0.056 (0.042)
劳动制造	−0.347 (0.360)	−0.379 (0.308)	0.179 (0.124)	0.023 (0.112)	0.179* (0.064)	0.223** (0.070)
资本制造	0.281 (0.257)	0.301 (0.247)	−0.096 (0.078)	−0.051 (0.081)	−0.090* (0.041)	−0.120* (0.044)
建筑	1.126 (0.947)	1.218 (0.982)	0.096 (0.402)	−0.456 (0.385)	−0.244 (0.176)	−0.341 (0.193)
生活服务	−0.374 (1.107)	−0.703 (1.139)	0.231 (0.441)	0.268 (0.513)	0.108 (0.196)	−0.028 (0.190)
生产服务	0.584* (0.225)	0.609* (0.230)	0.114 (0.146)	−0.096 (0.138)	0.084 (0.080)	−0.014 (0.080)
房地产	−0.122* (0.085)	−0.134 (0.078)	0.083 (0.051)	0.088 (0.059)	0.054* (0.023)	0.049 (0.025)
公共服务	0.241 (0.262)	0.355 (0.236)	−0.230 (0.179)	0.123 (0.134)	0.008 (0.086)	0.112 (0.071)
东部	213.732 (125.115)		85.168 (73.375)		93.735 (53.463)	
中部	219.273 (109.086)		234.234** (73.694)		141.855* (55.864)	
西部	135.732 (122.282)		79.647 (76.211)		159.935** (51.388)	
常数项	−164.966 (124.435)	−16.394 (73.476)	−77.765 (79.952)	11.946 (50.811)	−125.463* (53.998)	13.601 (32.979)
样本量	31	31	31	31	31	31
调整的 R^2	0.629	0.600	0.628	0.495	0.859	0.814

	B—7 2012—2014 年控制地区	B—8 2012—2014 年不控制地区	B—9 2015—2019 年控制地区	B—10 2015—2019 年不控制地区		
资源	0.016 (0.030)	0.041 (0.034)	0.104* (0.045)	0.128** (0.045)		
劳动制造	0.064 (0.039)	0.118* (0.044)	0.055 (0.047)	0.078 (0.046)		
资本制造	−0.040 (0.021)	−0.063* (0.024)	−0.041 (0.027)	−0.053 (0.028)		
建筑	−0.057 (0.090)	−0.076 (0.104)	−0.035 (0.172)	0.046 (0.172)		
生活服务	0.203* (0.096)	0.080 (0.108)	0.151 (0.152)	0.060 (0.138)		
生产服务	−0.016 (0.057)	−0.060 (0.055)	0.030 (0.043)	0.006 (0.043)		
房地产	0.000 (0.014)	−0.004 (0.016)	0.035 (0.017)	0.020 (0.017)		

续表

	B—7 2012—2014 年控制地区	B—8 2012—2014 年不控制地区	B—9 2015—2019 年控制地区	B—10 2015—2019 年不控制地区		
公共服务	0.050 （0.054）	0.118* （0.049）	-0.020 （0.029）	0.023 （0.024）		
东部	121.289* （48.763）		19.007 （96.839）			
中部	180.888** （47.574）		173.244 （102.105）			
西部	142.820** （46.923）		150.177 （101.785）			
常数项	-100.405* （43.728）	17.090 （32.290）	-192.238* （86.141）	-105.671 （50.914）		
样本量	31	31	31	31		
调整的 R^2	0.789	0.676	0.821	0.798		

注：1. 括号内数字为标准误差，***表示$p<0.001$；**表示$p<0.01$；*表示$p<0.05$。

2. 对通常的东中西部划分方式做了一定调整，东部包括北京、天津、河北、上海、江苏、浙江、福建、山东、广东、海南；中部包括山西、安徽、江西、河南、湖北、湖南、广西、重庆、四川、陕西；西部包括内蒙古、贵州、云南、西藏、甘肃、青海、宁夏、新疆。

6.4　小结与讨论

本章在建构两个实证模型的基础上，对资本积累的城镇化总体效应及各类型资本间的差异做了实证解释。分析表明，资本积累对城镇化的带动效应总体上趋于弱化，但在近年又有一定程度的提升，影响效应的减弱应当源于资本边际报酬的递减以及不断突出的资本深化现象。与此同时，劳动力个体及家庭在决定城镇化方式时，从过去更为关注收入提升等经济性因素，开始转向综合权衡经济目的、地理区位、社会因素，以及更为综合的生活满意度等，即经济性因素弱化而社会性、地理性等因素增强，并引发本地人口在地和近域城镇化规模的不断扩大，以及劳动力回流的逐步加速。这与本书研究框架中提出的"劳动力个体及家庭流动逻辑"相符。

从城镇化纵向空间结构特征的变动来看，中部地区的中心城市及所在的城市群和都市圈地区正在成为新增城镇人口的主要流入地区，其中很大一部分原因就是这种地理因素和社会性因素的影响逐步增强所致。但在2014年之后，资本积累对城镇化的带动效应又出现提升，地理效应则变得不再显著。

从分类型资本积累的城镇化效应来看，并没有一种产业的资本积累对城镇化的带动效应在所有阶段和所有情景下均保持显著，但仍反映出不同行业资本积累对城镇化带动效应的差异。具体来说，劳动密集型制造业资本积累对城镇化的带动效应较大，是资本积累带动城镇化发展总体效应的主要贡献者，而资本密集型制造业在技术进步改变劳动用工状况和单位产值用工数量下降的背景下出现了对城镇化的收敛效应，且这两类产业对城镇化的带动或负效应均在2014年后变得不再显著，而其他产业对城镇化发展的带动作用均不甚明显。与此同时，地理因素对城镇化发展的影响同样存在，而且从中部向西部进一步扩展，但在2014年后也变得不再显著。

实证分析表明，在地人口的自然增长、资本积累、地理因素是影响城镇人口增加和城镇化发展最重要的三项因素。就自然增长而言，其是我国城镇化中人口增长的重要来源，但在我国各地区人口自然增长率总体处于下降通道或提升有较大难度的背景下，其对城镇化发展的规模带动效应已经趋于弱化，但人口结构的优化调整仍能促进城镇化发展质量的提升。就资本积累而言，其对城镇化的带动效应在整体趋于弱化的背景下近年来又有所提升，而且各类型资本积累对城镇化的带动效应存在差异化的特征，甚至还有部分行业有对城镇化的收敛效应。因而，在地区产业结构转型和经济发展中，应当结合资本类型特征及其与在地劳动力规模和结构特征的匹配度，来提高投资和资本积累的有效性。就地理因素而言，在劳动力个体及家庭更加重视生活质量、社会关系、家庭功能、生活综合满意度等的情景下，中西部尤其是中部地区越来越成为本地劳动力就地和近域城镇化的首选，从而使得地理因素对城镇化的带动效应日益突出，并与资本积累形成此消彼长的关系，但由于各类政策和市场流动性的影响，这种地理效应又处于波动之中，不确定性较大，这就需要出台相关政策予以支持。

第 **7** 章

城镇化进程中结构性特征的综合解释

城镇化进程中的结构性特征源于权利结构的演变、资本的积累与流动等因素，在4~6章分别从权利、资本及其对城镇化的带动效应方面进行阐释的基础上，本章基于"权利—资本—劳动"禀赋结构研究框架，对城镇化进程中动力、空间、质量三方面结构性特征的形成进行综合解释，同时也对研究框架中的解释逻辑进行了深化。

7.1 城镇化动力的结构性特征解释

城镇化动力的结构性特征表现为经济增长对城镇化带动效应的结构性转变，以及城镇就业结构由国有经济主导向个体与私营经济主导转变等，这可以从权利结构演变、资本积累与流动，以及劳动力个体及家庭流动的视角加以解释（图7-1）。

伴随权利结构从集中式和政府内部分权结构向分权化与分权和集权混合结构的变化，资本及市场、劳动力个体及家庭的权利地位相对上升，并获得了更大的空间投资与迁移权利（1）[①]，这主要带来了两方面的影响。

首先是市场性资本规模的扩大及其对城镇化的带动。具体来说，在权利结构日益网络化的过程中，资本及市场、劳动力个体及家庭在权利结构中的地位逐步上升，并突出表现为个体与私营经济的规模性扩张（2）。进一步地，由于个体与私营等经济类型拥有更强的就业吸纳能力，城镇就业结构也由传统的国有经济主导向个体与私营经济主导格局转变（3），从而带动大规模的劳动

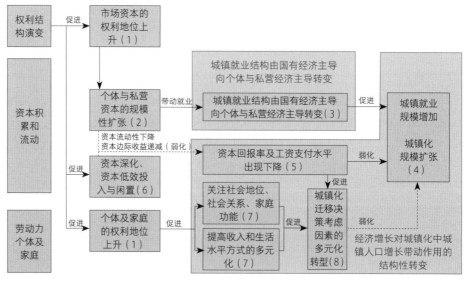

图7-1 对城镇化动力结构性特征的解释

---

① 表示此过程对应于图7-1中的（1），下同。

力就业与城镇化发展（4）。与此同时，资本积累规模的不断扩大会使得资本边际收益出现递减，加之资本流动性的整体性下降，资本回报率及工资支付水平均会出现一定下降（5），并连锁性地引发城镇化扩张速度的减缓，从而表现为"经济增长对城镇化中城镇人口增长带动效应的结构性转变"特征。此外，技术提升和资本积累规模的扩大会促进资本深化（6），并进一步引发资本回报率及工资支付水平的下降，因为资本深化会加大资本密集型产业的比重，而这类型产业对就业的吸纳能力普遍偏弱。而且，在混合权利结构下，集权化带来的自上而下资本投入往往偏向于资本密集型的产业类型和投入方式，这会进一步促进资本深化；而分权化也会引发部分地区的资本低效投入与闲置，并进一步影响经济增长对城镇化的带动作用。

其次是劳动力个体及家庭的城镇化迁移决策开始更多地考虑社会性因素，这进一步改变了经济增长对城镇化的带动效应。对于城镇化进程中的个体及家庭来说，他们在社会权利结构中的地位上升一方面使得他们更为关注自己的社会地位、社会关系以及家庭功能等社会性因素，另一方面还使得他们提高收入和生活水平的方式更为多元和丰富（7）。这些均使他们在城镇化迁移决策中的考虑因素从过去更为关注收入提升等经济性因素，转变为对经济目的、地理区位、社会因素，以及更为综合的生活满意度的权衡（8）。如在城镇化迁移主体方面，过去以单身男性的跨区域流动为主，而当下则更多体现为举家迁移，这也使得更多个体与家庭倾向于进行就地和近域城镇化。受此影响，个体及家庭的空间迁移行为对资本的依赖性也出现下降——他们不再必须被动地追随资本流动而流动，而是可以在综合权衡经济性和社会性因素的情况下做出适合自身的选择，从而使得经济增长对城镇化中城镇人口增长的带动效应进一步下降。

综上所述，权利结构的演变从改变资本的流动性、资本的回报率与工资支付水平，以及促进劳动力个体及家庭迁移决策的多元化两方面，促使经济增长对城镇化中城镇人口增长的带动效应发生结构性转变。与此同时，推动城镇化发展的主体也逐步从各级政府扩展到资本及市场、个体及家庭等微观角色上。在新的发展情景下，通过自上而下刺激经济增长来促进城镇化扩张的传统思路可能已不适应新的发展需求，因而应当从更加尊重各类城镇化微观主体的发展意愿着眼，从创设更为优质的制度条件和环境入手，大力提升城镇化发展的质量。

7.2 城镇化空间的结构性特征解释

城镇化空间的结构性特征表现为横向空间上的"潮汐演替"与纵向空间上的"由底端向顶端过渡的两端集聚",下面同样从权利结构演变、资本积累与流动,以及劳动力个体及家庭流动的视角加以解释。

在集中式和政府内部分权结构下,各区域获取资本投资的渠道均以政府直接投资为主,市场性资本不发育。虽然由于发展条件和历史基础的不同,各区域间的资本回报率也有一定差异,但由于受制于较少的流动权利与能力,区域间资本流动一直很弱。对于劳动力个体及家庭来说,其空间流动也受到很大制约,大多只能在行政性指令与计划下进行空间流动与集聚,而城镇化在横向与纵向空间上的结构性特征此时还不明显。

随着向分权结构的过渡,资本及市场、劳动力个体及家庭的权利地位逐步上升,并获得了越来越多的流动与迁移权利,这为城镇化空间的结构性特征形成创造了条件。在分权化初期,中央进行了较大幅度的放权,东部地区由于其区位条件、发展基础等优势而出现了相较于其他地区更高的资本回报率和工资支付水平,并吸引中西部资本的不断流入。对于个体及家庭来说,虽然也获得了更大的流动权利,但由于此时社会资本总积累与个体资本积累均较为薄弱,他们在城镇化迁移中仍主要考虑经济性因素,因而也就会在东部高工资的吸引下出现跨区域的规模性流动,即"潮汐演替"中的"涨潮"过程。在纵向空间结构上,人口向东部的集聚以向省会及以上城市集聚为主,因为这些地区有着更高的工资水平。此时的资本积累增长中心仍在东部,中西部的中心城市较难提供大量的较高收入就业机会,也较难满足流动人口靠近家乡的社会性诉求,因而流动人口在流出区的集聚更青睐底端县镇,由此出现了"人口流入区顶端集聚、人口流出区底端集聚"的特征,尤其是在中西部形成了以就近县镇集聚为主的第一代近域城镇化模式。

伴随分权结构向分权和集权混合结构的转变,资本与劳动力要素的流动状态也出现了新的变化。一方面,伴随资本积累规模的扩大,东部地区的资本回报率在边际收益递减规律影响下出现下降;另一方面,中央的区域再均衡战略

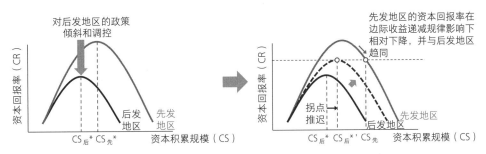

图7-2 对两类地区资本回报率变化的解释

对中西部的政策倾斜又会提高其资本回报率,从而出现东部与中西部之间资本回报率及工资支付水平的收敛(图7-2)。正如前文研究所发现的,全国资本积累在2005年后就开始出现区域间的收敛现象,增长中心也由华东、华北、华南等先发地区向中南、西南等后发地区转移,尤其是中南地区。但这与权利结构的变动之间存在一定的时间差,其中的具体内在机制还有待于进一步研究。对于个体及家庭来说,同时期也出现了由东部向中西部"回流"规模的增长以及就地与近域城镇化的加速,即"潮汐演替"中的"退潮"过程。这可以归因于两方面因素:①经济性因素,区域间工资支付水平的收敛降低了流动人口到东部就业的诉求,他们在本地或者靠近家乡的大中城镇就能获得与东部差异并不大的可支配收入,而且还更容易实现工农兼业;②社会性因素,个体及家庭在城镇化迁移决策中开始更为重视社会目的、地理区位以及更为综合的生活满意度等,如照顾老人与子女、维系在地社会关系等,对经济性因素的重视程度则相应下降。

另外,"退潮"现象还有其制度性的促进因素。在我国农村土地集体所有制下,农村家庭均享有农村承包地和宅基地的相对长期使用权,一定意义上形成了以家庭为单位的小有产者,而并非西方语境下的无产工人和完全市场化情景下的乡城迁移者,并由此出现了农村剩余劳动力转移的不彻底及"非对称转移"现象(赵民 等,2013a)。而且,这种小有产者的地位客观上增加了劳动力发生彻底区域迁移的机会成本,因为农民作为理性人或理性家庭中的一员,一旦外出得益小于外出机会成本,就会做出不外出或回流的理性选择。因而,在我国集体土地所有制和家庭联产承包责任制下,作为小有产者的农民和农户发生彻底的城镇化迁移需要付出更高的机会成本,从而也就减缓了人口流出的速度与规模。

　　而在纵向空间结构上，中西部中心城市在资本积累加速回流的背景下，社会资本总积累得到很大增长，并开始能够提供与东部沿海基本相当的可支配收入，个体及家庭也有了更多在此类中心城市定居的资本积累，加之更优质的人居环境和公共服务供给，流动人口向中西部中心城市的集聚速度开始逐步超过向基层县镇的集聚，并与向东部中心城市的集聚一起，共同促进城镇化纵向空间结构向"顶端集聚"格局转变。然而，流动人口在基层县镇的集聚规模仍然较大，因而城镇化纵向空间结构还继续呈现"两端集聚"特征，并形成以城市群和都市圈为承载空间的第二代近域城镇化模式。在这种模式中，新增的城镇化转移人口选择家乡所在省区的城市群、都市圈地区进行择居，包括中心城市、县城、重点小城镇等。这种迁移模式能够兼得经济性和社会性收益，包括更高的经济收入、更优质的子女教育、医疗服务、人居环境，以及家庭团聚等。当然，经济发展压力以及疫情影响等也是区域间人口流动尤其是"回流"的重要影响因素。

7.3　城镇化质量的结构性特征解释

7.3.1　城镇化与非农化结构性失衡的逻辑

　　城镇化与非农化之间的结构性失衡可以从"需求端"和"供给端"关系的视角进行解释（图7-3）。①在"需求端"。随着权利结构的网络化分权，资本及市场、劳动力个体及家庭获得了更多在区域间自由流动的权利，人口流入较多的区域自然也会出现更大规模的公共服务需求；同时，伴随个体及家庭在权利结构中地位的上升，流动人口的社会性需求也随之提升，并对公共服务供给规模与质量提出更高的要求。②在"供给端"。在权利结构发展到分权和集权混合结构后，中央开始以政治锦标赛的形式强化对地方的集权，并以经济增长作为重要的考核指标，同时将大部分公共支出责任都交给了地方，因而造成了地方政府财权与事权的不匹配和央地关系的纵向失衡，地方的财政收支缺口也持续

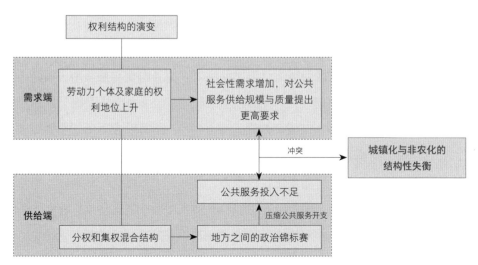

图7-3　对城镇化与非农化结构性失衡的解释

增大（李兴文 等，2021）。在这种情景下，地方政府并不乐于随着流动人口的增加而增加相应的公共服务支出，而是更愿意在压缩公共服务开支的基础上，将有限资金投入到经济发展领域，因而会出现人均转移支付、人均税收以及人均公共服务开支伴随流动人口增加而下降的特征（甘行琼 等，2015）。可以说，流动人口对公共服务供给规模和质量的需求增长与地方政府公共服务供给不足之间存在制度性冲突，从而表现出城镇化与非农化之间的结构性失衡。随着流动人口规模和城镇化规模的扩大，这种结构性失衡还会持续加剧。而且，2010年前和2010年后东部沿海与中西部地区在城镇化与非农化失衡方面存在的结构性差异也可归因于"需求端"和"供给端"关系的差异性变动。具体来说：

（1）2010年前，资本和劳动力主要流向东部，并产生了较大规模的公共服务需求。虽然东部地区地方政府的财力尚可，但在巨量流动人口的压力下，公共服务供给仍存在缺口，因而表现出城镇化与非农化之间的较大程度失衡。而在中西部，人口大多处于流出状态且基数较小，公共服务需求规模也相对较小，虽然投入同样不足，但其面临的压力仍不及东部。因而，东部"需求端"压力远大于"供给端"能力，而中西部的这种供需失配却不是那么突出，从而出现了东部失衡问题较中西部更为显著，城镇化质量也更为偏低的状况。

（2）到2010年后，东部地区的城镇化质量之所以出现相对提升，一方面是由于劳动力向中西部"回流"的加速以及就地和近域城镇化现象的增多，从而缓解了东部"需求端"的压力；另一方面则是东部在地方竞争中处于优势，已有更多的积累用于公共服务供给，从而增强了"供给端"的能力，两方面因素共同使得东部地区非农化与城镇化间的结构性失衡出现缓解，城镇化质量也相对提升。而且，东部地区的城镇化率已经较高，提升幅度已然有限，客观上也更加缩小了与非农化率的差值。而在中西部，同样是由于"回流"加速与就地和近域城镇化的增多，流动人口规模逐步增大，"需求端"压力也随之增加。社会性权利的提升还进一步强化了流动人口对公共服务供给规模及质量的诉求，从而进一步加大了"需求端"的压力。然而，中西部地方政府在"供给端"却出现很大缺口：一方面，虽然资本积累增长中心在向这些地区转移，但伴随资本流动性和回报率的整体性下降，其资本积累规模和公共服务供给能力仍然相对偏低；另一方面，在鼓励地方竞争的锦标赛制度环境下，越是后发地区越追求更快的经济增长，对公共服务供给的压缩也更甚。鉴于上述原因，东部"需求端"压力与"供给端"能力间的矛盾趋于缓解，而中西部则出现二者矛盾的上升，从而出现了东部城镇化与非农化失衡速度减缓，而中西部失衡加剧的现象。

7.3.2　人口集聚与空间增长结构性失衡的逻辑

　　人口集聚与空间增长的结构性失衡可以归因于网络化分权和集权混合权利结构下的央地政府行为，一方面是地方政府围绕空间资本积累开展的激烈竞争；另一方面则是中央政府对不同区域的倾向性干预（图7-4）。

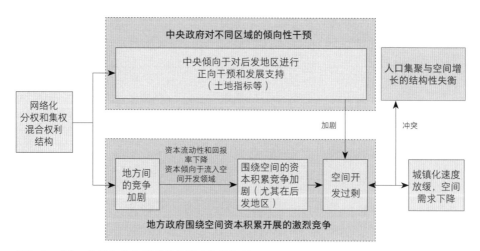

图7-4　对人口集聚与空间增长结构性失衡的解释

（1）地方政府围绕空间资本积累的激烈竞争。在混合权利结构下，地方竞争在锦标赛制度下进一步加剧，而且还有新的因素进一步加剧了这种竞争：①随着资本回报率的下降，所有资本均在寻找能够获得更高收益的投资领域，而空间开发的短周期、高收益特点会进一步吸引资本流入；②实体经济发展较好的地区对空间资本积累的依赖程度相对较小，反而越是实体经济欠发达的地区越热衷于空间开发，这就进一步造成了大量的过剩空间投资和潜在风险。而且，过度的空间竞争还会产生负面影响，并可能阻碍资本的进一步积累（Zou，2021）。

（2）中央政府对不同区域的倾向性干预。在混合权利结构下，中央通过土地指标、规划审查、转移支付等途径对地方进行差异化的集权管控与干预。在这种政策背景下，中西部获得了中央更多的正向干预和发展支持，尤其是在土地指标等空间发展权方面，而东部获得的这种支持就相对较少。相关文献也表明，20世纪90年代末开始的土地指标供给正在越来越多地倾向于中西部地区（陆铭 等，2015），这种倾向一方面加剧了中西部的空间过剩，另一方面则加剧了东部人口稠密地区的指标紧缺问题。

在以上两方面因素的作用下，全国范围内空间资本的加速积累及空间扩张由此出现，并且突出表现在中西部等后发地区；加之在城镇化发展速度已经趋缓的大背景下，经济社会发展的空间需求也出现相应的下降，从而共同促成了人口集聚与空间增长之间的结构性失衡。

7.4 小结与讨论

本章立足于"权利—资本—劳动"禀赋结构的研究框架，对城镇化进程中动力、空间、质量三方面的结构性特征进行了综合解释，并对研究框架做了进一步的深化。

城镇化动力方面出现的就业结构转变可归因于权利结构分权化情景下私营与个体资本的规模性扩张，以及对城镇就业的带动。经济增长对城镇化带动效应的结构性转变,一方面可归因于资本流动性的下降、边际收益的递减,以及在权利结构演变下越来越加剧的资本深化;另一方面则可归因于劳动力个体及家庭权利地位上升所引发的城镇化迁移决策多元化,尤其是越来越重视各类社会性因素。

城镇化空间方面出现的"潮汐演替"与"由底端向顶端过渡的两端集聚"特征,也可归因于权利结构的演变,以及资本和劳动力要素流动与积累情景的不断变化。在分权化初期,资本在市场化作用下向东部流动,个体及家庭的迁居行为也以考虑经济性因素为主,从而跟随资本也向东部加速流动,即"潮汐演替"中的"涨潮"。同时,由于东部顶端城市能够提供更高的经济收入,而中西部的头部城市则既不能满足流动人口提升经济收入的诉求,也不像底端县镇那样能够满足其就近照顾家庭的社会性需要,因而形成"东部人口流入区上端集聚、中西部人口流出区底端集聚"的特征。中西部还出现了以就近县镇集聚为主的第一代近域城镇化模式。伴随权利结构向分权和集权混合结构的转变,边际收益递减、区域再均衡政策等均使得中西部尤其是其中的城市群、都市圈地区出现了资本回报率的提升以及资本从东部向中西部流动的加速,这促成了资本积累增长中心的内迁,并成为人口回流加速的经济性动因。同时,流动人口在迁移决策中也开始更多地考虑地理性和社会性因素,这进一步加速了人口回流,即"潮汐演替"中的"退潮"。在纵向空间结构上,与之前阶段有所区别的是,中西部中心城市在资本加速流入和资本积累增长中心内迁的背景下,开始能够提供与东部地区基本相当的可支配收入,个体及家庭也有了更多在此类中心城市定居的资本积累。因而,流动人口向中西部中心城市的集聚速度开始超过向基层县镇的集聚,并与向东部中心城市的集聚一起,促进城镇体系向"顶端集聚"格局转变,但由于在基层县镇的集聚规模仍较大,因而总体上继续呈现"两端集聚"的特征,并出现了以城市群和都市圈范围内中心城市及其周边县镇为主要承载空间的第二代近域城镇化模式。

城镇化质量方面出现的城镇化与非农化失衡以及人口集聚与空间增长失衡,则可从分权和集权混合权利结构下中央、地方围绕公共服务供给和空间开发的制度性行为冲突进行解释。

本章的分析表明,城镇化动力、空间、质量方面的结构性特征均不同程度地源于"权利—资本—劳动"禀赋结构的阶段性变化,是市场因素与政策、社会因素综合作用的结果。权利结构作为各类主体在一定时期的制度性安排，虽然具有较强的稳定性，但其发生的任何变动均是引发资本积累与流动、劳动力流动，以及城镇化空间格局变化的关键动力源。如何根据城镇化的发展要求以及时代之需优化既有的权利结构，即政府、资本及市场、劳动力个体及家庭等主体之间在地方治理、土地、公共福利、财税等方面的权利关系，是决定城镇化发展走向与发展质量的关键。而对于资本及市场、劳动力个体及家庭等主体来说，其积累与流动一方面倾向于遵循市场化的规则，但在区域发展水平逐步收敛和个体权利诉求日益增长的背景下，社会性、地理性等因素也已经变得不可忽视。城镇化公共政策的制定如何善用发展动力的结构性转变契机，是新型城镇化战略实现更高质量落地的关键。

第 **8** 章

城镇化政策演变与"新型城镇化"政策转型

自2012年以来,"新型城镇化"已经成为我国城镇化发展的战略纲领,并已从多个方面对动力、空间、质量三方面的结构性特征做了有效应对,但也仍然存在可以继续完善的空间。为甄别新型城镇化政策对结构性特征的应对方式,并在此基础上进一步促进城镇化的高质量发展,本章首先对我国城镇化政策的阶段性演变及新型城镇化对结构性特征的应对策略进行梳理,然后在对我国城镇化发展趋势进行预判的基础上,提出新型城镇化的政策转型方向。

8.1 我国城镇化政策的阶段性变化

通过对1978年后城镇化相关重要会议与文件，历届中国共产党代表大会、国民经济社会发展五年规划（计划）、国务院政府工作报告、中央经济工作会议、中央领导讲话和集体学习中城镇化相关内容的梳理来分析我国城镇化发展政策及战略的阶段性变化。

8.1.1 城镇化模式的探索（2000 年 6 月前）

我国的城镇化进程发端于农村城镇化，小城镇的建设与发展长期以来均得到高度重视，因而在2001年之前的城镇化政策大多都以支持小城镇建设及相关配套政策的方式提出。而且，在以控制大城市和引导中小城市发展为主要目标的城市规模管控政策下，城镇化服务农村发展的定位也非常突出，并于1998年12月召开的中央农村工作会议上正式形成了"农村城镇化道路"的提法，这也是"城镇化"这一概念首次出现在中央政策和会议之中，从而形成了城镇化发展模式的雏形。之后一段时期，推进小城镇建设并引领农村地区发展仍是城镇化工作的重点，认为加快小城镇特别是其中乡镇企业的发展，在有序引导农村剩余劳动力转移、增加农民收入、提高城镇化水平等方面均具有重要的现实意义（表8-1）。此外，该时期的城镇化政策还涉及城镇体系引导、人口流动引导、制度改革等领域。

城镇化模式探索阶段（2000年6月前）的重要文件、会议、法律回顾　　表8-1

时间	文件、会议、法律名称	城镇化政策要点
1978 年 3 月	全国城市工作会议	城镇体系引导：控制大城市规模，合理发展中等城市，积极发展小城市
1990 年 4 月	城市规划法	城镇体系引导：严格控制大城市规模，合理发展中等城市和小城市
1994 年 9 月	《关于加强小城镇建设的若干意见》	小城镇建设：加强小城镇建设对加快农村剩余劳动力转移有重要意义

续表

时间	文件、会议、法律名称	城镇化政策要点
1994 年 3 月	1994 年政府工作报告	人口流动引导：引导农村剩余劳动力非农转移和跨区域流动
1995 年 3 月	1995 年政府工作报告	人口流动引导：支持乡镇企业吸纳农村剩余劳动力，引导农村剩余劳动力有序流动
1996 年 3 月	1996 年政府工作报告	小城镇建设：发展乡镇企业与小城镇建设相结合；人口流动引导：引导农村剩余劳动力有序流动
1997 年 3 月	1997 年政府工作报告	人口流动引导：引导农村剩余劳动力有序流动
1998 年 12 月	中央农村工作会议	小城镇建设：发展小城镇是符合中国国情的农村城镇化道路
1999 年 3 月	1999 年政府工作报告	制度改革：小城镇户籍制度及投资、土地、房地产等政策改革
2000 年 1 月	中共中央国务院关于做好 2000 年农业和农村工作的意见	小城镇建设：通过小城镇建设提高全国城镇化水平
2000 年 3 月	2000 年政府工作报告	小城镇建设：加快小城镇发展

8.1.2　中国特色城镇化道路建设阶段（2000 年 6 月至 2012 年 12 月）

此阶段是中国特色城镇化发展道路的形成和完善时期（表8-2）。2000年6月，《中共中央国务院关于小城镇健康发展的若干意见》首次正式从中央层面提出我国要走"一条适合我国国情的大中小城市和小城镇协调发展的城镇化道路"，将过去较长时期重视小城镇发展的农村城镇化道路做了内涵上的充实与丰富，兼顾了大中小各类规模城市以及小城镇的发展。2000年11月，中央经济工作会议首次将城镇化发展上升至国家战略高度，2001年编制的"十五"计划城镇化专项规划又提出了多样化的城镇化道路。直到2002年，党的十六大正式提出了"中国特色的城镇化道路"，其内涵主要为大中小城市的协调发展。之后的各次会议、政策等都对中国特色城镇化道路的内涵做了不断丰富。具体来说，2005年中央政治局第二十五次集体学习会议在注重城镇规模多样性和协调性发展的基础上，进一步提出了城镇化"循序渐进、节约土地、集约发展、合理布局"的原则，以及"资源节约、环境友好、经济高效、社会和谐"的新要求，城镇化的内涵也从过去单纯强调城镇规模体系的优化完善，进一步拓展为统筹经济、社会、生态等多方面的系统工程。到2007年党的十七大和当年的中央经济工作会议，以及2010年政府工作报告，中国特色城镇化道路又在之前基础上增加了"统筹城乡、布局合理、节约土地、功能完善、以大带小"的原则，以及"提高城镇综合承载能力，突出增强可持续发展能力，促进城镇化健康发展""发挥城市对农村的辐射带动作用，促进城镇化和新农村建设良性互动"等要求，逐步形成了较为系统的中国特色城镇化道路体系（图8-1）。在该时期，城镇化就已经开始被视作带动经济和内需增长的引擎，如2005年中央经济工作会议就提出"发挥城镇化对区域经济发展的带动作用"。

在对中国特色城镇化道路的内涵进行阐释的基础上，该时期的政策还重点从城镇化质量、人口流动引导、农民工市民化、基本公共服务均等化、小城镇建设、城市群建设、中心城市建设、城镇体系引导、城镇承载能力提升、城镇化空间格局、就业创业环境、城镇化与经济增长转型、城乡关系、制度改革等方面提出配套政策。

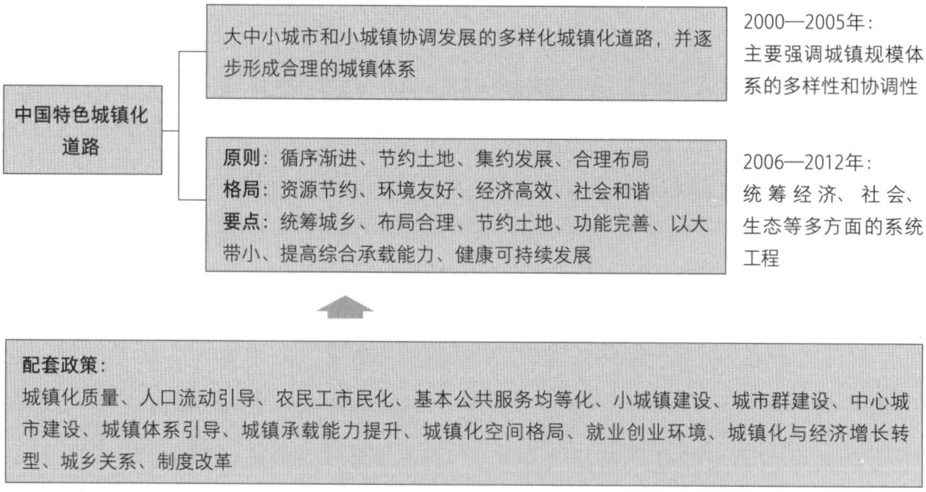

图8-1　重要文件、会议中"中国特色城镇化道路"的内涵及配套政策梳理

中国特色城镇化道路建设阶段（2000年6月至2012年12月）的重要文件、会议、法律回顾　　表8-2

时间	文件、会议、法律名称	城镇化政策要点
2000 年 6 月	《中共中央国务院关于促进小城镇健康发展的若干意见》	城镇化模式：走适合我国国情的大中小城市和小城镇协调发展的城镇化道路（首次提出城镇化道路的基本内涵）；小城镇建设：发展小城镇有积极意义
2000 年 11 月	2000 年中央经济工作会议	制度改革：加快乡镇企业体制创新
2001 年 3 月	2001 年政府工作报告	小城镇建设：通过发展小城镇推进城镇化，拓宽农民就业增收渠道

续表

时间	文件、会议、法律名称	城镇化政策要点
2001 年 3 月	"十五"计划（2001—2005 年）	小城镇建设：有重点地发展小城镇； 制度改革：消除城镇化体制政策障碍 （首次增设城镇化篇章，开始重视城镇化发展）
2001 年 5 月	"十五"计划城镇化专项规划	城镇化模式：走符合我国国情、大中小城市和小城镇协调发展的多样化城镇化道路（首次提出多样化城镇化道路）； 城镇承载能力提升：从经济、功能、环境、管理方面提升城镇承载能力
2001 年 11 月	2001 年中央经济工作会议	小城镇建设：通过小城镇建设促进农村剩余劳动力转移
2002 年 3 月	2002 年政府工作报告	人口流动引导：促进农村劳动力非农转移
2002 年 11 月	党的十六大报告	城镇化模式：大中小城市和小城镇协调发展的中国特色的城镇化道路（首次提出中国特色的城镇化道路，并对内涵做初步阐释）； 制度改革：消除农村劳动力流动的体制政策障碍
2002 年 11 月	2002 年中央经济工作会议	就业创业环境：广开农民就业门路，拓宽增收渠道
2003 年 3 月	2003 年政府工作报告	人口流动引导：引导劳动力流动转移
2003 年 10 月	十六届三中全会	城镇化模式：大中小城市协调发展的中国特色城镇化道路（再次明确中国特色城镇化道路的提法）
2004 年 3 月	2004 年政府工作报告	就业创业环境：改善农民进城就业环境，加强农民工培训，扩大农村劳动力转移就业
2004 年 12 月	2004 年中央经济工作会议	城乡关系：城镇化健康发展，妥善处理城乡关系； 城镇化速度：合理把握城镇化速度
2005 年 3 月	2005 年政府工作报告	就业创业环境：改善农民进城就业创业环境，推进职业技能培训； 人口流动引导：引导农村劳动力合理有序转移
2005 年 10 月	中央政治局第二十五次集体学习	城镇化模式：坚持走中国特色的城镇化道路，按照循序渐进、节约土地、集约发展、合理布局的原则，努力形成资源节约、环境友好、经济高效、社会和谐的城镇发展新格局（再次明确中国特色城镇化道路的提法，并对内涵做进一步阐释）
2005 年 11 月	2005 年中央经济工作会议	城镇化与经济增长转型：发挥城镇化对区域经济发展的带动作用
2006 年 3 月	2006 年政府工作报告	城镇承载能力提升：壮大县域经济，增加农民收入； 城市群建设：发挥城市群在城镇化中的带动辐射作用
2006 年 3 月	"十一五"规划（2006—2010 年）	城镇化模式：坚持大中小城市和小城镇协调发展，提高城镇综合承载能力，按照循序渐进、节约土地、集约发展、合理布局的原则，积极稳妥地推进城镇化
2006 年 12 月	2006 年中央经济工作会议	城镇承载能力提升：以提高城市综合承载能力为核心
2007 年 5 月	长三角地区经济社会发展座谈会	中心城市建设：中心城市对于新型城镇化的作用
2007 年 10 月	党的十七大报告	城镇化模式：走中国特色城镇化道路，按照统筹城乡、布局合理、节约土地、功能完善、以大带小的原则，促进大中小城市和小城镇协调发展（再次明确中国特色城镇化道路的提法，并对内涵做进一步阐释）

时间	文件、会议、法律名称	城镇化政策要点
2007 年 12 月	2007 年中央经济工作会议	城镇化模式：按照走中国特色城镇化道路的总体要求，加强规划引导，坚持节约集约利用土地，努力提高城镇综合承载能力，突出增强可持续发展能力，促进城镇化健康发展（再次明确中国特色城镇化道路的提法，并对内涵做进一步阐释）
2008 年 12 月	2008 年中央经济工作会议	城镇化与经济增长转型：促进大中小城市和小城镇协调发展，有重点地培育一批城市群成为拉动内需的重要增长极
2009 年 12 月	2009 年中央经济工作会议	城镇化模式：提升城镇化发展质量和水平；坚持走中国特色城镇化道路，促进大中小城市和小城镇协调发展（再次明确中国特色城镇化道路的提法，并对内涵做进一步阐释）； 城镇化与经济增长转型：以稳步推进城镇化为依托，优化产业结构； 农民工市民化：把农业转移人口在城镇就业和落户作为推进城镇化的重要任务
2010 年 3 月	2010 年政府工作报告	城镇化模式：坚持走中国特色城镇化道路，着力提高城镇综合承载能力，发挥城市对农村的辐射带动作用，促进城镇化和新农村建设良性互动（再次明确中国特色城镇化道路的提法，并对内涵做进一步阐释）； 城镇承载能力提升：壮大县域经济、县城和中心镇基础设施和环境建设、非农产业和农村人口向小城镇集聚、返乡农民工就地创业； 制度改革：户籍制度改革，放宽中小城市和小城镇落户条件； 基本公共服务均等化：逐步实现农民工在各类基本公共服务方面与城镇居民享有同等待遇
2010 年 12 月	2010 年中央经济工作会议	基本公共服务均等化：城乡基本公共服务和基础设施一体化、网络化发展的城镇化新格局
2011 年 3 月	2011 年政府工作报告	城镇化模式：坚持走中国特色城镇化道路，遵循城市发展规律，促进城镇化健康发展（再次明确中国特色城镇化道路的提法，并对内涵做进一步阐释）； 人口流动引导：分步推进农民工转为城镇居民，充分尊重农民在进城和留乡问题上的自主选择权； 城乡关系：城镇化要同农业现代化和新农村建设相互促进
2011 年 3 月	"十二五"规划 （2011—2015 年）	城镇化模式：坚持走中国特色城镇化道路，科学制定城镇化发展规划，促进城镇化健康发展； 城镇化空间格局：优化城镇化布局和形态，加强城镇化管理，不断提升城镇化的质量和水平
2012 年 3 月	2012 年政府工作报告	城镇体系引导：促进大中小城市和小城镇协调发展； 城镇化空间格局：根据资源环境和人口承载能力，形成合理的城镇体系和人口布局； 城镇化质量：各类城市都要提升城镇化质量和水平； 农民工市民化：更加注重把农民工有序转变为城镇居民，放宽中小城市落户条件，合理引导人口流向和促进就近转移就业； 基本公共服务均等化：逐步将城镇基本公共服务覆盖到农民工
2012 年 9 月	资源型城市与独立工矿区可持续发展及棚户区改造座谈会	城镇化模式：城镇化要在产业支撑、人居环境、社会保障、生活方式等方面实现由"乡"到"城"的转变

8.1.3 新型城镇化建设阶段（2012 年以来）

此阶段是在中国特色城镇化道路的基础上，新型城镇化发展理念的逐步形成和完善时期（表8-3）。为了应对我国在快速城镇化过程中积累的各种矛盾，尤其是土地城镇化以及日益出现的交通、污染等"大城市病"问题（鲍洪俊 等，2007），"新型城镇化"的概念被提出并逐步深化。在正式上升至国家战略之前，学术界和地方就已开展了对新型城镇化概念的讨论。学界方面，康就升（1985）较早阐述了新型城镇化的概念，即"工农结合，城乡结合，以就地转移为主，小城镇容纳为主，亦农亦非为主"，对应于当时鼓励乡镇企业发展、就地城镇化，并控制大城市发展的思路；后续的讨论还包括邹兵（2001）、徐建华（2003）、宋劲松（2004）等人的研究，但其内涵均不尽相同。在地方层面，江西、浙江、河南、广西、四川、湖北、内蒙古、湖南等省区于2005—2010年间，在五年规划、地方两会中均陆续提出过新型城镇化战略。

在中央层面，早在2007年召开的长三角地区经济社会发展座谈会上，时任国务院总理温家宝就提出"走新型城镇化道路，充分发挥中心城市作用"。在2012年9月召开的资源型城市与独立工矿区可持续发展及棚户区改造座谈会上，时任国务院总理李克强提出"城镇化不是简单的城市人口比例增加和面积扩张，而是要在产业支撑、人居环境、社会保障、生活方式等方面实现由乡到城的转变"，由此初步提出了"新型城镇化"的内涵。到2012年党的十八大，"新型城镇化"首次以"新型工业化、信息化、城镇化、农业现代化道路"的形式出现在中央政策和文件中。到2012年底召开的中央经济工作会议，"新型城镇化"的概念被正式提出，并从"融入生态文明理念和原则""走集约、智能、绿色、低碳道路"等方面界定其内涵。后续的中央城镇化工作会议、政府工作报告、《国家新型城镇化规划（2014—2020年）》、"十三五"规划、"十四五"规划等又不断对新型城镇化的内涵做了补充和完善，尤其是习近平总书记于2016年2月对深入推进新型城镇化建设做出重要指示，就新型城镇化的发展理念、工作核心、重点任务等提出了明确要求。以上论述与要求具体包括人的城镇化、乡城多元转变、城乡一体化、空间格局优化、综合承载、生态文明、传承文化等七大板块，并涉及城镇化质量、人的城镇化、人口流动引导、农民工市民化、基本公共服务均等化、城市群建设、城镇体系引导、城镇承载能力提升、城镇化空间格局、城镇化与经济增长转型、城乡关系、制度改革等领域的配套政策（图8-2）。可以说，全社会对新型城镇化在我国经济社会发展全局中地位的认识日益明确，体系框架也趋于完善。

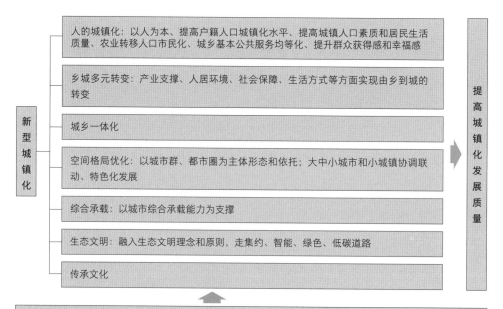

图8-2　重要文件、会议中"新型城镇化"的内涵及配套政策梳理

新型城镇化建设阶段（2012年12月以来）的重要文件、会议、法律回顾　　　　表8-3

时间	文件、会议、法律名称	城镇化政策要点
2012 年 11 月	党的十八大报告	城镇化模式：走中国特色新型工业化、信息化、城镇化、农业现代化道路，推动信息化和工业化深度融合、工业化和城镇化良性互动、城镇化和农业现代化相互协调，促进工业化、信息化、城镇化、农业现代化同步发展；以改善需求结构、优化产业结构、促进区域协调发展、推进城镇化为重点（首次在中央层面提出新型城镇化的概念）
2012 年 12 月	2012 年中央经济工作会议	城镇化模式：城镇化是我国现代化建设的历史任务，也是扩大内需的最大潜力所在，要围绕提高城镇化质量，因势利导、趋利避害，积极引导城镇化健康发展；把生态文明理念和原则全面融入城镇化全过程，走集约、智能、绿色、低碳的新型城镇化道路（明确提出新型城镇化，并对内涵做出阐释）； 城镇化空间格局：大中小城市和小城镇、城市群科学布局，与区域经济发展和产业布局紧密衔接，与资源环境承载能力相适应； 农民工市民化：有序推进农业转移人口市民化

续表

时间	文件、会议、法律名称	城镇化政策要点
2013 年 3 月	2013 年政府工作报告	城镇体系引导：合理控制特大城市和大城市规模，增强中小城市和小城镇的产业发展、公共服务、吸纳就业、人口集聚功能； 农民工市民化：有序推进农业转移人口市民化，逐步实现城镇基本公共服务覆盖常住人口； 城乡关系：城镇化和新农村建设良性互动
2013 年 12 月	中央城镇化工作会议	城镇化模式：城镇化是一个自然历史过程；推进以人为核心的城镇化，提高城镇人口素质和居民生活质量，把促进有能力在城镇稳定就业和生活的常住人口有序实现市民化作为首要任务（进一步对新型城镇化内涵做出阐释）； 农民工市民化：稳步提高户籍人口城镇化水平
2014 年 3 月	2014 年政府工作报告	城镇化模式：走以人为本、四化同步、优化布局、生态文明、传承文化的新型城镇化道路（进一步对新型城镇化内涵做出阐释）； 城镇化空间格局：加大对中西部新型城镇化支持； 制度改革：城镇化管理创新和机制建设
2014 年 3 月	《国家新型城镇化规划（2014—2020 年）》	城镇化模式：走以人为本、四化同步、优化布局、生态文明、文化传承的中国特色新型城镇化道路（进一步对新型城镇化的内涵、基本原则、目标做出阐释）； 城镇化与经济增长转型：城镇化是保持经济持续健康发展的强大引擎； 农民工市民化：有序推进农业转移人口市民化； 城镇化空间格局：优化城镇化布局和形态； 城镇承载能力提升：提高城市可持续发展能力； 城乡关系：推动城乡发展一体化； 制度改革：改革完善城镇化发展体制机制
2015 年 3 月	2015 年政府工作报告	城镇化与经济增长转型：城镇化是解决城乡差距的根本途径，也是最大的内需所在； 人的城镇化：坚持以人为核心，以解决三个 1 亿人问题为焦点； 制度改革：新型城镇化综合试点
2015 年 12 月	2015 年中央经济工作会议	人的城镇化：以人为核心； 城镇化与经济增长转型：通过加快农民工市民化，扩大有效需求，消化库存，稳定房地产市场
2015 年 12 月	中央城市工作会议	城镇化模式：提高新型城镇化水平，走中国特色城市发展道路； 人的城镇化：推动以人为核心的新型城镇化； 城乡关系：推进城乡一体化新格局； 农民工市民化：常住人口市民化是城镇化的首要任务； 城镇化与经济增长转型：发挥城镇化的扩大内需潜力，化解城市病
2016 年 2 月	习近平总书记对深入推进新型城镇化建设的重要指示	城镇化模式：以创新、协调、绿色、开放、共享理念为引领；以人的城镇化为核心；更加注重提高户籍人口城镇化率、城乡基本公共服务均等化、环境宜居和历史文脉传承、提升人民群众获得感和幸福感；促进中国特色新型城镇化持续健康发展（进一步对新型城镇化内涵做出阐释）
2016 年 3 月	2016 年政府工作报告	城镇化与经济增长转型：城镇化是我国最大的内需潜力和发展动能所在； 农民工市民化：加快农业转移人口市民化
2016 年 3 月	"十三五"规划（2016—2020 年）	城镇化模式：坚持以人的城镇化为核心、以城市群为主体形态、以城市综合承载能力为支撑、以体制机制创新为保障，加快新型城镇化步伐，提高社会主义新农村建设水平，努力缩小城乡发展差距，推进城乡发展一体化（进一步对新型城镇化内涵做出阐释）

时间	文件、会议、法律名称	城镇化政策要点
2016 年 12 月	2016 年中央经济工作会议	农民工市民化：继续扎实推进以人为核心的新型城镇化，促进农民工市民化
2017 年 3 月	2017 年政府工作报告	制度改革：加快居住证制度全覆盖； 城镇体系引导：支持中小城市和特色小城镇发展，推动撤县设市、特大镇设市，支持城市群辐射带动作用
2017 年 10 月	党的十九大报告	城镇化模式：推动新型工业化、信息化、城镇化、农业现代化同步发展
2018 年 3 月	2018 年政府工作报告	城镇化质量：提高新型城镇化质量； 农民工市民化：加快农业转移人口市民化； 人的城镇化：新型城镇化的核心在人
2018 年 12 月	2018 年中央经济工作会议	农民工市民化：推动城镇化发展，抓好已在城镇就业的农业转移人口落户工作
2019 年 3 月	2019 年政府工作报告	城镇化质量：深入推进新型城镇化，提高新型城镇化质量； 城市群建设：以中心城市引领城市群发展； 基本公共服务均等化：推动城镇基本公共服务覆盖常住人口
2020 年 3 月	2020 年政府工作报告	城镇承载能力提升：大力提升县城公共设施和服务能力； 城市群建设：发挥中心城市和城市群综合带动作用
2021 年 3 月	"十四五"规划（2021—2025 年）	城镇化模式：坚持走中国特色新型城镇化道路，深入推进以人为核心的新型城镇化战略，以城市群、都市圈为依托促进大中小城市和小城镇协调联动、特色化发展，使更多人民群众享有更高品质的城市生活（进一步对新型城镇化内涵做出阐释）； 人口流动引导：加快农业转移人口市民化； 城镇化空间格局：完善城镇化空间布局
2022 年 3 月	2022 年政府工作报告	城镇体系引导：加强县城基础设施建设；稳步推进城市群、都市圈建设，促进大中小城市和小城镇协调发展；严控撤县建市设区； 人的城镇化：深入推进以人为核心的新型城镇化，不断提高人民生活质量

8.2 新型城镇化政策对结构性特征的应对

8.2.1 对城镇化动力结构性特征的应对

在经济增长对城镇化发展尤其是其中城镇人口增长的带动作用发生结构性转变的背景下，城镇化政策也做出了相应的应对。一方面，城镇化被视为扩大内需、拉动经济增长,甚至消化房地产库存的引擎和工具,即在2010—2015年间曾一度非常流行的"引擎论",而且至今仍有其影响。"引擎论"主要认为城镇化的发展能够通过扩大消费人口及其消费能力来拉动内需和促进经济增长,并借此助力我国顺利跨越"中等收入陷阱"(迟福林,2013;胡鞍钢,2003;马晓河,2011;王国刚,2010),相关文献还就城镇化促进消费与经济增长的程度、路径、区域差异及机制等开展了诸多研究(陈俊梁 等,2022;程莉 等,2016;温涛 等,2017;张莅黎 等,2019;朱纪广 等,2020)。这种"引擎论"源于对城镇化与经济发展水平之间通常存在的一致性(周一星,1982)的认识。而且,这种一致性和相关性又被进一步演绎为因果关系,从而将城镇化逐步视为经济增长的内生动力之一(沈坤荣 等,2007;中国经济增长与宏观稳定课题组,2009;周振华,1995),而这些文献认为城镇化促进经济增长的具体途径主要包括通过城镇化加速物质和人力资本积累、带动相关产业发展、优化产业结构、扩大基础设施建设和耐用消费品需求、带动城建投资等。

基于"引擎论"的认识,城镇化被各级政府作为一项重点任务层层下达并大力推进。类似的提法也出现在中央的城镇化发展政策中(表8-4),最早是在2005年的中央经济工作会议上,提出要"重视发挥城镇化对区域经济发展的带动作用",2008年中央经济工作会议又进一步提出"有重点地培育一批城市群成为拉动内需的重要增长极"。之后,发挥城镇化带动经济和内需增长作用的政策在2012—2015年间进一步增多,主要是为了应对当时出现的经济下行压力和我国落入"中等收入陷阱"风险而提出的。2015年后,在房地产库存压力较大的情况下,城镇化又被赋予了去库存和促进房地产市场平稳健康发展的角色,如2016年中央经济工作会议提出要把去库存与促进人口城镇化相结合。虽然说各级政府从提供产业支撑、提升公共服务设施配套水平、优化制度环境等方面为城镇化发展营造良好环境均是推进城镇化发展的题中之义,也取得了较好的成效,但也有部分地区在"引擎论"的认识下出现了以城镇空间扩张、土地开发建设为主导的片面城镇化发展,甚至不惜通过大量举债的方式来完成,反而对需要支付较高成本的城镇化质量提升与相关制度优化有所忽视,实则已偏离了新型城镇化战略的初衷。

此外,也有诸多文献质疑城镇化对经济增长的拉动作用。如发现在政府强力推动下存在"无经济增长的城镇化"现象（Hong et al., 2021），而且普遍存在的半城镇化问题也制约了居民消费水平的提升（易行健 等，2020），这些均使得依靠城镇化来拉动经济增长的前景不明。因而，需要理性看待以快速城镇化推动经济增长的论断（李金昌 等，2006）。

再者，诸多文献从另一个视角出发，认为城镇化更多的是经济社会发展的自然结果和过程，而非经济政策与手段（郝晋伟，2014；许小年，2013；刘玉海 等，2013；赵民 等，2013a），可称其为"结果论"。在学理研究的基础上，《国家新型城镇化发展规划（2014—2020年）》也明确提出城镇化是"自然历史过程"，应当"顺应发展规律，因势利导"（表8-4）。

新型城镇化政策对城镇化动力结构性特征的应对　　　　　表8-4

时间	文件、会议、法律名称	政策要点
2012 年 12 月	2012 年中央经济工作会议	"引擎论"观点：城镇化是扩大内需的最大潜力所在
2013 年 12 月	中央城镇化工作会议	"结果论"观点：城镇化是一个自然历史过程
2014 年 3 月	《国家新型城镇化规划（2014—2020 年）》	"结果论"观点：城镇化是伴随工业化发展，非农产业在城镇集聚、农村人口向城镇集中的自然历史过程，是人类社会发展的客观趋势；顺应发展规律，因势利导；"引擎论"观点：城镇化是保持经济持续健康发展的强大引擎，是加快产业结构转型升级的重要抓手
2015 年 3 月	2015 年政府工作报告	"引擎论"观点：城镇化是解决城乡差距的根本途径，也是最大的内需所在
2016 年 3 月	2016 年政府工作报告	"引擎论"观点：城镇化是我国最大的内需潜力和发展动能所在
2016 年 12 月	2016 年中央经济工作会议	"引擎论"观点：把去库存和促进人口城镇化相结合

8.2.2　对城镇化空间结构性特征的应对

在横向空间结构上，城镇化发展出现了潮汐演替式的流出与回流共存现象，纵向空间结构上则出现了流动人口向省会及以上层级城市加速集聚但同时又保持"两端集聚"的格局。为适应城镇化空间格局出现的这种结构性变动，新型城镇化政策主要从城市群与都市圈建设、特大超大城市优化发展、县城补短板强弱项、小城镇发展、城市承载能力提升，以及城乡融合与新农村建设6个方面做出了应对[①]。

（1）城市群与都市圈建设：《国家新型城镇化规划（2014—2020年）》提出城市群是新型城镇化的主体形态，2019—2022年新型城镇化的重点任务又进一步强调了城市群和都市圈的建设（图8-3）。在城市群方面，强调以中心城市引领城市群发展，并建立城市群一体化发展机制，包括重大项目和平台建设、多层次和常态化的协调机制、成本共担利益共享机制等。在都市圈方面，强调建立常态化协商协调机制、推进交通基础设施一体化与生态环境共防共治、建立都市圈协同机制等。其中，交通一体化包括城际铁路和市域、市郊铁路建设，中心城市轨道交通向周边城镇延伸，打造1小时交通圈等；生态环境共防共治包括构建城市间绿色隔离和生态廊道等；都市圈协同机制包括建设承接产业转移示范区，完善税收分享和征管协调机制、经济统计分成机制、建设用地

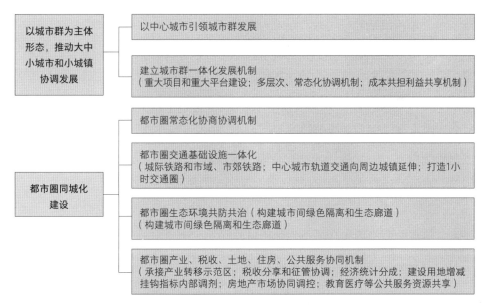

图8-3　新型城镇化政策对城镇化空间结构性特征的应对——城市群与都市圈建设

---

① 本部分的政策梳理主要参考了《国家新型城镇化规划（2014—2020年）》《国务院关于深入推进新型城镇化建设的若干意见》（国发〔2016〕8号）、《关于加快开展县城城镇化补短板强弱项工作的通知》（发改规划〔2020〕831号）、《关于信贷支持县城城镇化补短板强弱项的通知》（发改规划〔2020〕1278号）等文件，以及国家发改委提出的2019—2022年新型城镇化和城乡融合发展重点任务。

增减挂钩指标内部调剂机制、房地产市场协同调控机制、教育医疗等公共服务资源共享机制等。

（2）特大城市和超大城市（中心城市）优化发展：《国家新型城镇化规划（2014—2020年）》提出"直辖市、省会城市、计划单列市和重要节点城市等中心城市，是我国城镇化发展的重要支撑"。2019—2022年新型城镇化的重点任务包括增强辐射带动功能、推动内涵式提升、优化空间结构三方面（图8-4）。在增强辐射带动功能方面，要以直辖市、省会城市、计划单列市、重要节点城市等中心城市为主，充分发挥城市规模效应，并强化用地等要素的保障；在推动内涵式提升方面，包括提升市政交通、生态环保、社区治理能力，开展城市风险评估等；在优化空间结构方面，包括优化重大生产力布局、合理疏散中心城区非核心功能和过度集中的公共服务资源、合理降低中心城区开发强度和人口密度、促进中心城区多中心和组团式发展、推进新区新城建设、完善中心城市市辖区规模结构和管辖范围等。

（3）县城补短板强弱项：为了补足县城发展的短板弱项，提升县城综合承载能力和治理能力，解决县城对经济发展和农业转移人口就近城镇化的支撑作用不足问题，国家发改委于2020年发布了《关于加快开展县城城镇化补短板强弱项工作的通知》，旨在强化县城在就地和近域城镇化中的主体作用。该通知及后续政策主要就公共服务设施提标扩面、环境卫生设施提级扩能、市政公用设施提档升级、产业培育设施提质增效、新型基础设施建设、土地/金融/城市制度创新等方面提出了要求（图8-5）。

（4）小城镇发展：新型城镇化政策提出要按照控制数量、提高质量、节约用地、体现特色的要求，有重点地发展小城镇，尤其是要与疏解大城市中心城

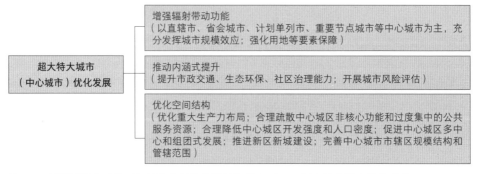

图8-4 新型城镇化政策对城镇化空间结构性特征的应对——超大特大城市优化发展

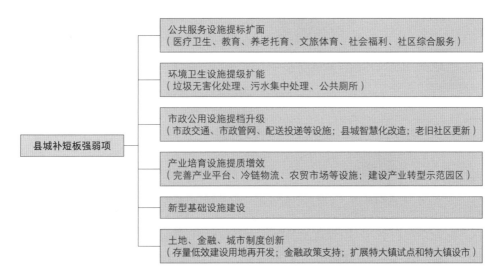

图8-5　新型城镇化政策对城镇化空间结构性特征的应对——县城补短板强弱项

区功能相结合、与特色产业发展相结合、与服务"三农"相结合。此外，还提出要强化小城镇基础设施和公共服务补短板，以及服务镇区居民和周边农村的能力。在制度创新方面，则主要涉及土地与资金政策支持、特大镇试点和特大镇有序设市等领域（图8-6）。

（5）城市承载能力提升：现有政策重点关注了城市空间与产业空间布局优化、交通/基础设施/公共资源配置、城市更新与城市品质和魅力提升、建设新型智慧城市和低碳绿色城市、加强历史文化保护传承、推动土地指标向中心城市和重点城市群倾斜、健全城市投融资机制等（图8-7）。

（6）城乡融合与新农村建设：相关政策主要从城乡基础设施和公共服务联动发展、农村三次产业融合与多元化发展、国家城乡融合发展试验区改革、土地制度改革、工商资本与人才入乡、脱贫攻坚与乡村振兴有效衔接等方面予以

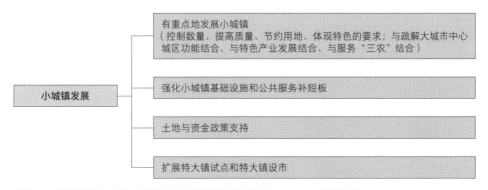

图8-6　新型城镇化政策对城镇化空间结构性特征的应对——小城镇发展

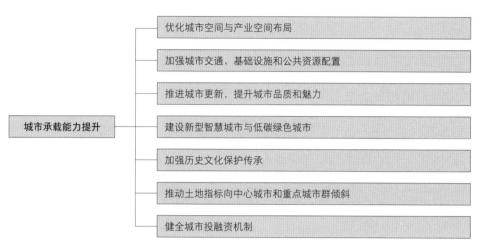

图8-7　新型城镇化政策对城镇化空间结构性特征的应对——城市承载能力提升

图8-8　新型城镇化政策对城镇化空间结构性特征的应对——城乡融合与新农村建设

支持（图8-8）。

以上政策对城镇化的各类空间载体做出了发展指引，并以城市群、都市圈，以及县城为重点，契合了当前城镇化发展中出现的新增流动人口"两端集聚"并加速向省会及以上层级城市集聚的特征，尤其是城市群、都市圈一体化政策以及县城补短板强弱项政策能够合力为以城市群、都市圈为范围的第二代近域城镇化发展提供政策支持。然而，上述政策仍然主要基于不同城镇规模而提出，下一步还可根据各区域的产业发展、人口流动和集聚特征等，就城市群、都市圈以及县城和重点镇的发展提出分区域的差异化政策指引。

8.2.3　对城镇化质量结构性特征的应对

城镇化质量的结构性特征表现在城镇化与非农化的结构性失衡，以及人口集聚与空间增长的结构性失衡两方面，新型城镇化政策对此主要从放宽落户条件、公共服务均等化、市民化激励机制、空间资源调控等方面做出了应对[①]。

（1）放宽落户条件：《国家新型城镇化规划（2014—2020年）》提出了基于人口规模的差别化落户政策，并从多方面予以落实（图8-9）：①落户前置条件和基准条件，前置条件主要为就业、住所等，而基准条件则主要是就业年限、居住年限、城镇社会保险参保年限等；②不断扩大放开落户限制的城市规模。从全面取消城区常住人口300万以下城市落户限制，到全面放开城区常住人口300万~500万的Ⅰ型大城市落户限制并取消对其中重点人群的限制，再发展到鼓励有条件的Ⅰ型大城市全面取消落户限制；③要求城区常住人口500万以上的超大特大城市进一步完善积分落户制度，同时还要求差别化和精准化制定超大特大城市主城区、郊区、新区的落户政策；④允许租赁房屋的常住人口

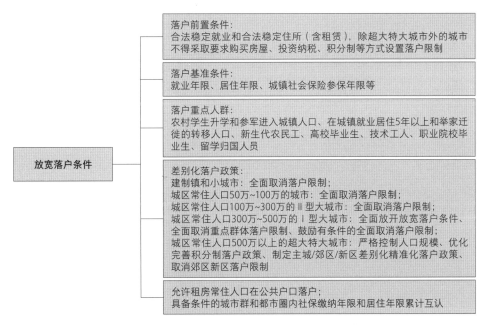

图8-9　新型城镇化政策对城镇化质量结构性特征的应对——放宽落户条件

---

① 本部分的政策梳理同样主要参考了《国家新型城镇化规划（2014—2020年）》《国务院关于深入推进新型城镇化建设的若干意见》（国发〔2016〕8号）等文件，以及国家发改委提出的2019—2022年新型城镇化和城乡融合发展重点任务。

在城市公共户口落户，以及实施跨区域的落户条件互认等。

（2）公共服务均等化：相关政策包括两方面内容（图8-10）。①均等化的项目，涉及随迁子女义务教育、学前教育、婴幼儿照护、基本医疗卫生、普通门诊跨省结算、保障性住房、社会保障、养老保险全国统筹、就业创业服务与职业能力提升等方面，基本涵盖了各类基本公共服务项目。②不断健全实现均等化的体制机制，包括：出台国家基本公共服务标准体系，建设公共服务信息化平台，全面实行（电子）居住证制度，建立政府、企业、个人共同参与的农业转移人口市民化成本分担机制，合理确定公共服务供给中的央地职责，完善社会参与机制等。

（3）市民化激励机制：相关政策主要从财政、投资、土地等方面建立"人地财挂钩"的系列配套制度，以此激励地方政府落实农业转移人口市民化任务，具体包括中央和省级财政转移支付、中央预算内投资和基建投资、城镇建设用地增加规模等同吸纳农业转移人口落户数量和农业转移人口市民化相挂钩，以及财政性建设资金向吸纳贫困人口较多城市倾斜机制、中央和省级农业转移人口市民化奖励机制等（图8-11）。

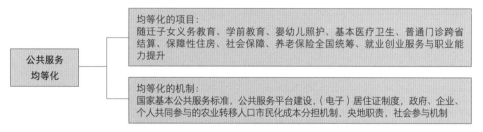

图8-10　新型城镇化政策对城镇化质量结构性特征的应对——公共服务均等化

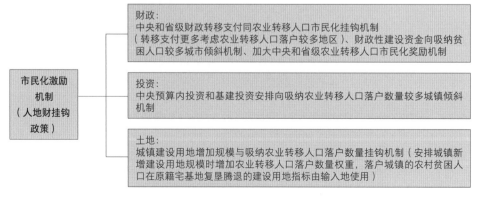

图8-11　新型城镇化政策对城镇化质量结构性特征的应对——市民化激励机制

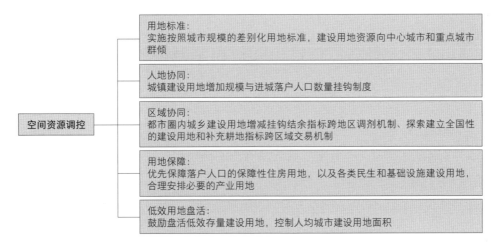

图8-12　新型城镇化政策对城镇化质量结构性特征的应对——空间资源调控

（4）空间资源调控：包括用地标准、人地协同、区域协同、用地保障、低效用地盘活几个方面（图8-12）。①用地标准，按照城市规模制定差别化的用地标准，同时推动建设用地资源向中心城市和重点城市群倾斜；②人地协同，将城镇建设用地指标规模与农业转移人口落户规模相挂钩，以此约束人口流入较少地区及主要人口流出区的空间扩张冲动；③区域协同，建立都市圈内城乡建设用地增减挂钩结余指标跨地区调剂机制，以及全国性的建设用地和补充耕地指标跨区域交易机制；④用地保障，优先保障落户人口的保障性住房用地，以及各类民生和基础设施建设用地，合理安排必要的产业用地；⑤鼓励盘活低效存量建设用地，同时还强调分步实现城乡建设用地指标更多由省级政府负责的机制。

目前的各类政策还有可进一步完善之处：①如何创新制度设计，使得农村闲置土地平稳高效地退出，实现城、镇、乡之间各类要素的联动融合，从而在尊重流动人口个体及家庭自我意愿的基础上促进城镇化的整体效率提升。②在市民化成本分担机制的优化方面，各类市场和社会主体在基本公共服务，尤其是保障性住房方面的供给潜能还有待挖掘；同时，农村集体经营性建设用地的入市改革也将释放很大的红利，并可能成为承担市民化成本的路径之一。而且，各级地方政府在基本公共服务供给上的权责体系还有可改进之处。③在低效空间与资产的盘活再利用和退出方面尚缺乏制度性的支撑，尤其是对于人口流入量较少甚至流出城市中的已开发超量空间来说，如何进行适应城市规模、功能转型方向的收缩性调整还有待进一步探讨。

8.3　应对结构性特征的"新型城镇化"政策转型 [1]

　　目前，已有诸多文献对传统城镇化存在的问题，以及新型城镇化的内涵及转型策略做了探讨。多数文献均认为传统城镇化存在偏重经济发展和土地城镇化、城镇空间过量扩张、流动人口公共服务供给不足、城乡二元结构与忽视"三农"发展、不完全城镇化、高污染和高消耗、同质化低端竞争、低和谐度和低包容性、生态负担加重并威胁自然环境承载能力等特征（Chen M X et al., 2016；Chen et al., 2019；Chen Y S et al., 2016；Guan et al., 2018；陈明星 等，2019；倪鹏飞，2013；单卓然 等，2013；沈清基，2013；中国金融40人论坛课题组，2013；中国经济增长前沿课题组，2011），相关文献也从多方面提出了新型城镇化的内涵（表8-5）。在以上研究基础上，本书从应对动力、空间、质量等结构性特征的视角提出我国新型城镇化的政策转型方向。

既有文献就新型城镇化内涵的阐述　　　　　　　　　　　　表8-5

文献	内涵
沈清基（2013）	以人为本、广泛协调性、城乡统筹性、转化性、导向综合性、健康性
单卓然 等（2013）	民生的城镇化、可持续发展的城镇化、质量的城镇化三方面内涵，经济、社会、体制制度、城镇建设四个层面，平等、幸福、转型、绿色、健康、集约六大目标
张蔚文 等（2021）	弥合国家政策话语和地方政府行动之间的鸿沟，加大中央转移支付力度尤其是基本公共服务支出，加快地方税收体系建设
倪鹏飞（2013）	以农民市民化和基本公共服务均等化为重点，以信息化、新型工业化、农业现代化为新的基本动力，促进内涵集约增长等为路径
方创琳（2019）	注重高质量发展的整体协同性、推动产城融合与基本公共服务均等化、促进城乡深度融合与乡村振兴、因地制宜确定各区域主导功能、创新体制机制、注重区域资源环境承载力

---

[1] 本节内容有部分成果已经发表于：《"中等收入陷阱"之"惑"与城镇化战略新思维》（《城市规划学刊》2013年第5期）、《"陷阱"或抑"透支"——中国城镇化发展的现实情境辨释》（《城市规划》2014年第2期），以及《城镇化中的"潮汐演替"与"重心下沉"及政策转型——权利—资本—劳动禀赋结构变迁的视角》（《城市规划》2015年第11期）。

续表

文献	内涵
Chen 等（2018）	户籍制度改革、建立国家级新区、推进住房建设、促进非农就业
Li 等（2016）	改善多层次治理和区域间协调、提高政策透明度、调整再分配水平、优化城乡社区治理结构
吴志强 等（2015）	从体力城镇化向智力城镇化转型
陆大道 等（2015）	遵循循序渐进原则、与城镇产业结构转型和新增就业岗位能力相匹配、与城镇实际吸纳农村人口的能力保持一致、与水土资源和环境承载力保持一致
中国金融 40 人论坛课题组（2013）	建设用地全国范围占补平衡、增加土地供给、粮食安全观与农业开放、财税制度改革、地方政府事权与财权体系改革、对城市政府适度举债建立有效的监督约束机制、金融市场改革、失地农民社会保障及公共服务供给
中国经济增长前沿课题组（2011）	推动土地城市化向人口城市化转变、从增长型政府向服务型政府转变、提高财政透明度、推进政府收支体制的结构性改革和强化供给激励、正视城市化的融资风险

8.3.1　更为尊重个体与基层的城镇化方式选择权，激活城镇化新动力

在城镇化动力的结构性特征方面，经济增长对城镇化规模及速度的拉动效应已出现结构性转变，加之资本流动性和回报率的降低，这种转变就更为明显；同时，劳动力个体及家庭在新型城镇化政策的支持下也正获得越来越多的社会性权利和能动性，这些都将使得新时期城镇化的发展动力会由经济增长的规模性拉动逐步转为在资本及市场、个体及家庭、社会等自下而上力量带动下主体结构的优化与发展质量的提升，未来的城镇化发展将更为注重质量目标（赵民 等，2013）。而且，这种结构优化与质量提升也将促进经济社会的高质量转型与增长，但这是一个长期过程，并非在短期内可一蹴而成。由此应当认识到，城镇化并非单单是政府的一厢情愿，还体现为个体及家庭的自主空间选择以及多方主体的自主性参与，而且这种自主选择与参与对城镇化发展的影响正日益突出。因而，在新的发展阶段，单靠政府的单极拉动和大量资本投入已较难满足城镇化的高质量发展要求，亟须进一步激活个体及家庭、资本及市场、社会等自下而上的力量，而这仍需多方面的制度改革与政策配套。

首先，尊重劳动力个体及家庭在城镇化方式和时机选择上的自主权。随着改革的日益深化，许多制约自由流动的制度性障碍已经消除或弱化了，农民进

不进城，希不希望在城镇定居，或是否要转为城镇户口，是其基于自身和家庭利益最大化判断所做的选择，并不需要"被选择"或"被市民化"，如此才谈得上"人的城镇化"。政府应当在此过程中承担基本公共服务供给与制度供给者的角色，并对个体及家庭的选择进行服务与引导。具体来说，在异地城镇化方面，要做好两地间各类基本公共服务支出权责的制度性对接，以及外出劳动力的职业培训；而在就地和近域城镇化方面，政府则要大力提升本地和附近城镇在产业吸纳就业和公共服务供给上的承载能力。在举家迁移日益成为城镇化主要模式的背景下，以家庭为单元促进各类基本公共服务的均等化和高质量供给就更显得尤为必要，如创新涉及土地、户籍、财税等领域的举家迁移激励制度、优化社区家庭服务设施尤其是助老托幼设施的布局与品质提升、优化流动人口分布密集区的家庭类设施布局等。

其次，强化市场和社会主体参与城镇化发展的深度及共治能力。①创新市镇治理体系，在超大特大城市新城新区、新设县级市、镇级市、农村人口和产业发展密集区等人口密度高、经济活跃性强、承载功能独特的地区创新城市设置、城市治理与运营的体制机制，以此提高其承载就业转移和满足个体及家庭经济性与社会性需求的能力。②在有条件的地区赋予街道、乡镇及城乡社区更多地进行本地事务治理的权利，尤其是在土地、财税、公共服务供给等方面下放部分权限，以此使得个体、家庭及基层社区能够获得更多的发展权，并逐步减弱阶层与空间的关联度（李志刚 等，2019）。③进一步强化公众参与在城镇化发展与城乡规划中的作用，促进规划主体由单一的"政府首脑—技术精英"结合体向更多元、更丰富的"大众—协调者—政府"结合体转变，规划的组织模式也应由精英规划逐步向多元参与方式甚至"众包规划"转型。

8.3.2　从分级规模管控走向央地联动引导模式，提升城镇化发展质量

传统的城镇化发展政策采取以"分级规模管控"为主的干预模式，即按照城市规模，通过对人口、土地等指标及各类公共服务供给的严格控制，对城镇化发展格局进行干预，尤其是体现在对超大特大城市规模的严格控制上。但从实践来看，管控效果并不十分理想。因为在市场性因素仍占主导的情景下，资本和劳动力仍以流入超大特大城市等先发地区为主，而规模管控政策会压缩这

些地区的各类公共资源供给，并使土地价格、资本回报率及工资支付水平上升，于是会进一步吸引资本和劳动力的流入与集聚。土地价格上升会带来综合生活成本的提高，这理应会促使资本和劳动力向中西部城市和低层级城镇等后发地区流动，但后发地区仍然偏低的资本回报率和人居环境水平却抑制了这种扩散，而这正是由于区域间、城市层级间的公共服务投入和制度供给差距所引发的。这种差距很难依靠后发地区自身进行补足，一方面是由于市场原因，另一方面则因为公共资源的配置权仍大部分掌握在先发地区政府和高层级政府手中，而且后发地区自身又缺乏通过制度创新来提升其吸引力的权利与能力。因而，在后发地区缺乏高质量公共服务和制度供给的情景下实施分级规模管控，往往会进一步扩大区域差距，资本和劳动力也仍然会不断地流入先发地区。在这种情景下，控制人口和用地规模的难度就很大，即使实现也可能是以牺牲综合经济社会效益为代价的。

城镇化政策应强调以公共服务供给和制度创新为杠杆的央地联动调控，并以此引导劳动力个体及家庭等微观主体的城镇化选择。

首先在公共服务供给方面，中央政府和地方政府应当联动施策，借助中央财政的宏观调控对各地区尤其是后发地区的公共服务进行一定底线标准的统一投入，并适当向后发地区倾斜，以此引导资本和劳动力的流动方向，并顺应业已出现的资本积累增长中心内迁和人口回流现象。

其次在制度创新方面。①城镇化是社会公共资源的再配置过程，必定涉及既有权利结构和利益格局的打破与重新调整，唯有通过土地、户籍、财税、公共服务供给等领域的深化改革和区域间联动制度创新才能实现公共资源在区域间的优化配置，尤其是要赋予后发地区更多进行自主制度创新的权利，以此增强其对资本和个体及家庭的吸引力。如在公共服务方面，除前文提到的央地联动供给外，还可进一步配套土地、财政、流入地和流出地要素联动等政策改革，以此释放社会主体进行公共服务供给的潜力，并逐步改善财政供给负担过大、公共服务吸引力不足等问题，尤其是在后发地区。②鉴于混合权利结构的发育以及以政治锦标赛为主的地方竞争机制对城镇化的重要影响，可围绕公共服务供给，根据不同区域的发展阶段和特征进一步提出差异化的激励制度，但也需要避免地方政府产生对转移支付和激励的过度依赖（王宇昕 等，2021）。③在目前已经逐步完善的"人地财挂钩"市民化激励政策的基础上，还可从区

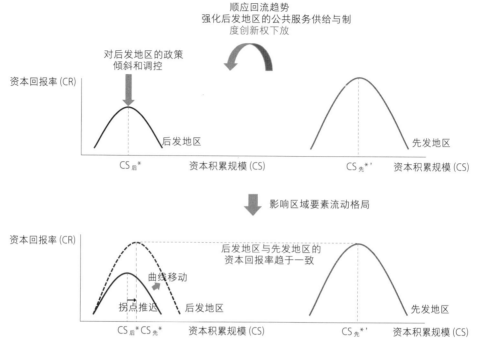

图8-13　通过公共服务供给对不同区域资本回报率的调控

域、情景和政策工具的细分及组合方式等方面进行优化，以此缓解城镇化中业
已出现的各类结构性问题（图8-13）。

8.3.3　以城市群和都市圈为主体形态，优化城镇化发展空间格局

城镇化空间结构已经出现了横向和纵向上的变动。横向空间方面，在国际
国内双循环的发展环境下，国家和地方政策都可能会进一步以区域均衡发展为
目标，由此加速劳动力的"回流"以及就地和近域城镇化的发育。纵向空间方
面，城镇体系的上下两端也正在成为城镇化的最重要承载空间，而且上层超大
特大城市的吸引力还在进一步增强，尤其是位于沿长江一线省份的此类城市。
这些省份的中心城市连同周边的二级城市、县城、重点小城镇等，正在共同形
成以城市群和都市圈为范围的资本积累与人口增长中心。在此影响下，目前
的"跨区域低频长距人口流动"模式将逐步向"跨区域高频多元化人口流动"
模式转变，即在经济性流动外，社会性、文化性、游憩性的流动可能将越来越
多。同时在城市群和都市圈内部，则会出现"区域内高频短距通勤"模式，城

镇间的职住联系、游憩联系将会变得越来越频繁。在具体空间的形态与结构上，位于城市群和都市圈内的中心城市、二级城市、县城、重点小城镇等将通过城际、市域（郊）铁路更加紧密地联为一体，并出现区域中各类功能的疏解和再集聚、空间组织和功能的再塑造等。为应对上述变化，应从以下几方面强化新型城镇化的政策支撑。

首先，以城市群和都市圈为单位实行差异化的精明增长与精明收缩策略。无论是先发地区还是后发地区，都应进一步推进城市群和都市圈的精明增长，尤其是关注群、圈内中心城市承载能力的提升以及县城和重点小城镇的增长与补短板，并强化不同城镇间的网络化联系，以此顺应由第一代近域城镇化模式（以就近县镇集聚为主）向第二代近域城镇化模式（以城市群和都市圈范围内中心城市及其周边县镇为主要承载空间）的拓展。对于城市群和都市圈以外区域来说，则要顺应人口下降的大趋势，推行以精明收缩为主导的战略模式，积极控制禀赋条件有限的中小城市尤其是小城镇和农村的发展规模，将有限的资源集聚于若干区域中心城市，并适时推行适应收缩情景的各方面政策创新。

其次，优化城市群和都市圈的内部空间组织结构。①根据城市群和都市圈的发展基础和所处阶段等，提出差异化的空间模式与路径，同时优化重大交通、产业、公共服务等设施的供给与布局模式。②有序疏解中心城市（区）的过量职能至外围新城、新区及周边中小城市、县城、重点镇等，并择优将其培育为能够辐射区域的节点型城市。而要做到这一点，重点是要根据这些新城新区的发展基础、区位条件、所联系区域的产业发展方向等，确定主要服务的区域范围、主导定位及产业结构；另外则需要在行政治理模式上进行创新，如赋予外围新城新区更多的自主管理权限。如《上海市城市总体规划（2017—2035年）》和上海市人民政府《关于本市 "十四五" 加快推进新城规划建设工作的实施意见》（沪府规〔2021〕2号）均提出要将郊区5个新城建成为 "在长三角城市群中具有辐射带动作用的综合性节点城市"，而这不仅要提升新城规模和公共设施服务能力，更重要的则是要根据其所可能服务区域的产业特征和发展基础培育核心高端职能，并赋予其更多的自主治理权限，如此才能真正实现建设区域综合性节点城市的目标。③建设 "轨道上的城市群与都市圈" 是新时期支撑城市群和都市圈空间优化的重要行动。目前，我国超大特大城市的轨道交通模式仍以站距较短的城市地铁为主，且大多局限于市域行政区范围内。在新时期，应进一步在建设市域、市郊铁路的基础上，在城市群和都市圈尺度上加强高铁、城际、市域（市郊）铁路、城市轨道交通、城市BRT等多种交通方式的一体化建设。

最后，在公共服务设施配套方面，应当考虑到劳动力个体及家庭的双城、多城生活等多元化择居情况，在城市群和都市圈范围内跨城考虑住房、教育、医疗、文化等民生设施的供给与布局，而非局限于一地一城，尤其是在商品住房限购、保障性住房供给、优质教育和医疗资源共享等方面进行制度创新。同时，各类设施的布局还应充分考虑以家庭为单位的政策调控。

8.3.4　正确看待城镇化与经济增长在长短周期上的差异化关系

在我国经济增长速度趋于放缓以及房地产出现过剩危机的背景下，城镇化一度被赋予拉动内需、促进经济增长、去库存，以及助力我国跨越"中等收入陷阱"等角色，即前文提到的"引擎论"；但与此同时，经济增长和资本积累对城镇化发展的带动效应却出现结构性转变和弱化趋势。因而，在城镇化的经济增长动力出现结构性转变的背景下，反而要靠推进城镇化来拉动经济增长，其中存在一定的逻辑谬误，因而有必要进一步厘清城镇化与经济增长之间的关系，下面具体从文献梳理、现实情景和国际经验三个视角进行讨论。

（1）对城镇化与经济增长关系进行实证研究的既有文献。首先，城镇化与经济增长间的线性相关关系并非始终呈线性高度相关，而是表现出更为复杂的阶段性特征，如张颖和赵民（2003）研究发现，城镇化率与人均GDP之间的相关关系在不同阶段呈现不同特点——在经济发展水平较低的初期，城镇化率与人均GDP显著相关；在进一步的起飞阶段，相关关系变得不显著；在经济发展的高峰阶段，二者又显著相关；而在经济发展后期，二者的相关性再次变得不显著。其次，诸多研究均发现，经济增长与城镇化之间虽有因果关系，但主要是经济增长促进城镇化发展，而非城镇化发展促进经济增长（Henderson，2003；Zhang et al.，2003），甚至在达到一定阈值后还会对经济增长有负向影响（Nguyen et al.，2018）。因为如果只靠政府的强力推动，而生产力未得到提高，同时又没有充足的就业岗位支撑，即使城镇化达到较高水平，也无法在供需双方上产生足够的增长效应（Jedwab et al.，2015），而是会呈现为过度城镇化特征（Hong et al.，2021）。

（2）资本积累和劳动力流动的现实情景。我国资本积累的边际递减效应已经开始出现，资本的流动性和回报率也趋于下降，加之城镇化发展已经达到较高水平，因而资本积累对城镇化的拉动效应也趋于下降。同时，劳动力个体及家庭的迁移决策也从过去更为关注收入提升等经济性因素，开始转变为综合权衡经济目的、地理区位、社会因素，以及更为综合的生活满意度等，因而有相当一部分人群会选择本地和近域城镇化，以及城乡兼业与城乡两栖居住模式，而非完全迁入城市中。以上均说明我国城镇化发展已经从自上而下的规模增长时代进入以质量提升和自下而上带动为主的"新常态"，单一的经济增长已难以促进劳动力进行跨区域的大规模转移。况且，就"引擎论"提到的流动人口潜在消费能力来看，借助城镇化增量人口来带动消费和经济增长的观点亦可被质疑。首先，在投资率长期高企的状态下，社会整体消费被压抑，已在城市长期居住的居民尚且如此，依靠流动人口转移进城来刺激住房和大宗商品消费就存在更大难度；其次，我国城镇化中的人口流动大多是在"经济家庭"考量下做出的家庭成员最优化配置，即青壮年劳动力外出打工，中老年劳动力及妇女在家务农或就近兼业，如此才能在控制家庭成员生活成本的情况下获得家庭收益的最大化（赵民 等，2013a）。我国城镇化发展中的这种"经济家庭"特征也使得流动人口的消费意愿在短期内很难有大规模的提升，靠城镇化拉动消费和经济增长的目标也就较难实现。

（3）国际经验。西北欧、北美是城镇化跟进经济增长的成功案例，拉美则是城镇化缺乏产业动力的失败案例；同处东亚的日韩虽有较强的政府干预，但其干预领域主要是在公共设施领域，并未采取过依靠城镇化来拉动经济增长的发展战略。因而，从这几类国家的城镇化发展历程来看，也均较难说明城镇化是拉动经济增长的引擎。

然而，从新型城镇化政策的内涵和框架体系来看，城镇化早已超越了学术意义上的狭义概念，而是已经成为一项包含经济、社会、生态等多方面内容的综合性发展战略。因而，对城镇化与经济增长关系的辨析也应放在这一情景下进行。一方面，经济增长对城镇化发展仍有一定的带动效应，但这种效应已经发生结构性的转变；另一方面，就城镇化对经济增长的带动效应来说，有短期视角和长期视角之分——从短期来看，上述三方面分析皆说明城镇化并非拉动内需扩大和经济增长的工具，而是更多表现为经济社会发展的结果与过程。然而从长期来看，新型城镇化战略提出从农民工市民化，城乡一体化，城镇综合承载能力提升，户籍、就业、土地制度改革等方面着力，力图通过综合性的配套制度改革夯实发展基础、创新发展环境，并以此实现经济增长与社会发展的目标。因而在长周期上，城镇化能够通过综合制度改革促进经济增长，而这一过程需要较长时间的调整才可实现，很难在短期内一蹴而就。

在以上认识基础上，进一步对城镇化与跨越"中等收入陷阱"的关系进行辨析。"中等收入陷阱"（Middle-income Trap）指后发国家在由低收入进入中等收入阶段后，会丧失劳动力、土地等低成本优势和发展动力，同时又无法找到新的增长点，从而进入经济增长徘徊不前甚至回落的状态，并诱发贫富分化、社会动荡、环境恶化等一系列社会和环境问题的现象。中等收入阶段标准由世界银行根据人均国民总收入（GNI）水平提出并定时更新，我国在1998年达到了中等偏下收入国家水平，又于2010年达到了中等偏上收入国家水平。按照最新的2021年标准[①]，我国正处于中高收入阶段的后期。然而，我们在取得经济增长成就和迈入中高收入发展阶段后期的同时，在社会发展、生态环境等方面也付出了很大代价，各方面的发展已经日渐出现透支现象，并由此使得社会和学界对我国落入"中等收入陷阱"的担忧日渐升温，并从不同视角提出应对策略。在这样的担忧和城镇化"引擎论"的语境下，城镇化逐步被中央和社会赋予了助力我国跨越"中等收入陷阱"的使命。然而，城镇化是否可以承担这样的使命？

从"中等收入陷阱"的概念来看，其判别基础为人均（GNI），即"所有居民生产者创造出的增加值的总和，再加上未统计在估计产值中的任何产品税和境外原始收入的净收益"[②]，实质上是一个经济增长指标，并不直接反映城乡居民收入水平和发展质量，与GDP类似。在此标准下，一个经济体是否掉入"中等收入陷阱"和是否走出"陷阱"的核心评判标准是人均GNI是否处在中等收入区间内，亦即经济增长是否处在滞缓状态；而社会、生态等问题虽然可

---

① 按照2021年版世界银行对四类国家的划分标准，四类国家的分类临界值分别为1046现价美元、4095现价美元和12695现价美元。

② 资料来源：世界银行网站，https://data.worldbank.org.cn/。

能是掉入"陷阱"的诱因，但却被经济增长指标所掩盖了，可以说是一种"增长主义"下的思维方式。基于这种判断，跨越"陷阱"很大程度上是一个推动经济持续增长的过程，即若能通过各种手段维持经济的持续快速增长，使得人均GNI达到高收入国家水平，也就意味着跨越的成功和"中等收入陷阱"的终结。

相关文献也对是否真实存在"中等收入陷阱"提出质疑。如华生（2013）发现，世界各经济体无论是在低收入水平，还是在中等收入水平和高收入水平，都出现过经济增长停滞的现象，也就是说各个发展水平和阶段上都有"陷阱"，也就无所谓特有的"中等收入陷阱"了。江时学（2011，2013）则认为"中等收入陷阱"的概念存在缺陷：①发展中国家从中等收入阶段跨向高收入阶段往往需要很长时间，而"中等收入陷阱"假设忽视了发展的艰难性，其所定义的长期处于中等收入阶段中的"长期"也并无明确定义；②"中等收入陷阱"理论还使一些国家将人均GDP高低与"中等收入陷阱"挂钩，并由此出现了片面追求GDP增长，甚至陷入GDP崇拜的状况。郭熙保和朱兰（2016）也发现，中等收入国家在中等收入阶段的经济增长率并不低于甚至高于高收入国家和世界平均水平，中等收入阶段不存在稳定的均衡点，而且随着时间的延长，中等收入国家向上转移的概率还逐渐增加，从而从三个方面证明了"中等收入陷阱"并不真实存在。周文和李思思（2021）还认为"中等收入陷阱"概念本质上是过度市场化和新自由主义理论在面对转型问题时的预设"陷阱"，并且有倒果为因的嫌疑。

综上所述，从西方舶来的"中等收入陷阱"概念可能并不准确，而我国经济社会和城镇化发展中的各类问题可能已非担忧，而是现实，以各种结构性失衡和"透支"发展为特征的"内生型陷阱"已经在我们脚下，而其根源实则源于我国较长时间以来所奉行的"增长主义"。要走出"内生型陷阱"，就迫切需要对经济社会和城镇化的发展模式、动力等进行结构性的调整、转型与优化完善。忽视已经产生的各类问题，继续在"增长主义"理念下希冀通过大规模的城镇化投资建设，甚至通过背负债务的方式来拉动内需和经济增长，并跨越"中等收入陷阱"实不可取；若仍延续既有的发展路径，难免会使"内生型陷阱"越挖越深，而偏离新型城镇化政策的初衷。

8.4　小结与讨论

在经过数十年的探索后，"新型城镇化"已经成为我国城镇化发展的战略纲领，而且已不同程度地对城镇化进程中的各类结构性特征做出了有效应对。在新的发展时期，城镇化发展又有着诸多新的趋势，新型城镇化也应在顺应趋势并应对结构性特征的基础上实现进一步的转型。

（1）经济增长对城镇化发展的拉动效应已出现结构性转变，城镇化发展的动力也正在从经济增长的规模性拉动向劳动力个体及家庭、资本及市场、社会等自下而上力量带动的结构优化与质量提升转型，而这必然要求城镇化政策更为尊重个体与基层的城镇化方式选择权，以此激活城镇化发展的新动力。

（2）传统上以分级规模管控为主的城镇化政策效果并不十分理想，有必要强化以公共服务供给和制度创新为杠杆的央地联动引导模式，以此提升城镇化的发展质量，尤其是要赋予后发地区一定的自主制度创新权利，从而吸引资本和劳动力的流入。

（3）以城市群和都市圈为主体形态，兼顾第一代近域城镇化模式（以就近县镇集聚为主）和第二代近域城镇化模式（以城市群和都市圈范围内中心城市及其周边县镇为主要承载空间），并逐步适应人口流动由"跨区域低频经济性流动"模式向"跨区域高频多元化流动"和城市群、都市圈内"高频短距通勤"等多元模式的转变。这也需要从城市群和都市圈尺度上的精明增长与精明收缩、内部空间组织优化、公共服务设施配套的跨城供给制度等方面进行政策优化。

（4）应正确看待城镇化与经济增长在长短周期上的差异化关系，即城镇化在短期内更多是经济增长的结果，而非动力，而且经济增长对城镇化的带动作用已经出现结构性转变；在长周期上，城镇化能够通过综合制度改革促进经济增长，但这很难在短期内一蹴而就。在新的时代背景下，应避免通过过激的方式拉动城镇化的短期快速发展，并借此推动经济增长；而是应当在长周期内通过制度改革与创新，优化并改善城镇化进程中的各类结构性特征与问题，并以此促进经济社会的可持续发展与增长。

结 语

　　毫无疑问，无论是从规模、速度等表象特征，还是从动力、空间、质量等内在结构性特征来看，我国的城镇化发展已经进入了一个新的时期，这也是我们进一步推进新型城镇化发展的时代背景。过去以规模性投资与空间扩张推动为主的城镇化模式已经走向了更深层次的领域，尤其是涉及了各级政府、资本及市场、劳动力个体及家庭等多元主体间的权利结构关系。在新的发展阶段，各类主体在城镇化中的诉求都有更为多元化的变动，如中央政府的区域性空间战略频繁出台，进一步从顶层整合并统一全国市场的意图日益明显；地方政府在央地关系转变的大环境下，也同时面临着区域合作机遇与地方保护挑战；资本及市场主体的流动与积累状态在国内国际双循环背景下出现了诸多新的特征，如中西部在国际环境深刻变动和"一带一路"倡议影响下日益受到市场性资本的青睐；个体及家庭的择居因素也从过去单纯强调经济性因素转向对经济目的、社会目的、地理区位等的综合权衡，而且00后、10后新生力量陆续进入就业阶段更是会对传统的城镇化空间格局带来影响。无论是各类主体所处的时代背景，还是他们的自我诉求，都正在发生深刻的变化，而这些均会促动权利结构的变化，并进而引发城镇化状态的变动。

　　在城镇化"规模拉动"模式逐渐式微的背景下，通过多方面的体制机制创新来调整权利结构关系，释放个体及家庭、资本及市场，以及社会的新动力成为实现城镇化发展动力可持续转型的关键，尤其是要向后发地区进行更大放权，并鼓励其进行更多的制度尝试与创新。同时，本书对城镇化动力结构转变的探讨及提出的转型方向也回答了城镇化"引擎论"与"结果论"的争论。一是城镇化在短期内更多是经济增长的结果，而非动力，而且经济增长对城镇化的带动作用已经发生结构性的转变；城镇化在短期内可能较难成为拉动经济增长并助力我国跨越"中等收入陷阱"的工具，如此行之反而可能会在已经出现的"内生型陷阱"中越陷越深。二是我国的城镇化政策，尤其是"新型城镇化"已经从学术概念扩展为一项综合性战略。从此方面来看，城镇化能够通过综合制度改革促进经济增长，但这是一个长期过程，很难在短期内一蹴而就。

权利结构变化还通过改变资本与劳动力的流动逻辑不断重塑地理空间，并表现在城镇化的横向与纵向空间结构上。目前，我国的城镇化正呈现以双向流动为特征的"潮汐演替"以及"由底端向顶端过渡的两端集聚"格局。在经历了一段时期新增城镇人口向底端县镇的加速集聚后，城镇体系顶端的超大特大城市在中央城市群和都市圈政策支持、地方"抢人"大战，以及市场化的规模效应和城市化效应推动下，正加速成为新增城镇人口的主要集聚区，并与底端县镇共同构成我国新时期城镇化增量的主要承载空间；而且，以城市群和都市圈为范围的第二代近域城镇化发展也日益突出。伴随这种空间结构的变动，人口流动模式也随之会由过去的"跨区域低频经济性流动"逐步向"跨区域高频多元化流动"和"区域内高频短距通勤"模式转变，地方化的"流空间"可能将成为新时期城镇化的重要方面，而这也要求城市群和都市圈发展政策做出进一步的优化，尤其是交通、公共服务、市场一体化等方面，这些均是下一步城镇化空间发展政策需要关注的重点。而且，目前加速推进并持续深化的城乡一体化与城乡融合制度还将促进城乡间更为实质性的对流，而这也会进一步加速第二代近域城镇化的发育，并深化"流空间"的内涵。

此外，长期的"增长主义"导向也使得城镇化发展业已出现多方面的质量问题，并特别表现在本书提到的两类结构性失衡上。新型城镇化的相关系列政策已经围绕"人的城镇化"，从放宽落户条件、公共服务均等化、市民化激励、空间资源调控等多个方面做出了有效应对。但造成这些问题的根源仍在于城镇化发展所处的权利结构背景，新时期的央地关系、地方间的多元竞合、资本的积累与流动规则，以及劳动力个体及家庭迁移决策中的考虑因素和能动性等都正在发生新的变化。这些均会对权利结构的变动带来影响，并为新型城镇化的高质量发展同时带来机遇与挑战。如何利用好机遇，通过优化央地事权与财权、城镇发展权与乡村发展权、土地权、公共服务供给与使用权、迁移权等各类权利结构来释放新的动力，以此引导资本和劳动力的高效流动与积累，同时又如何规避可能发生的负面问题，这些均为当前和今后的政策创新提供了相当大的空间。

参考文献

[1] CCER "中国经济观察" 研究组. 我国资本回报率估测 (1978—2006): 新一轮投资增长和经济景气微观基础[J]. 经济学 (季刊), 2007, 6 (3): 723-758.

[2] 鲍洪俊, 许志峰. 新型城镇化: 远离 "大城市病"[N]. 人民日报, 2007-03-10.

[3] 曹飞. 新型城镇化质量测度、仿真与提升[J]. 财经科学, 2014 (12): 69-78.

[4] 曾国军, 徐雨晨, 王龙杰, 等. 从在地化、去地化到再地化: 中国城镇化进程中的人地关系转型[J]. 地理科学进展, 2021, 40 (1): 28-39.

[5] 陈晨, 赵民. 论人口流动影响下的城镇体系发展与治理策略[J]. 城市规划学刊, 2016 (1): 37-47.

[6] 陈晨. 我国城乡发展的 "刘易斯转折点" 辨析及延伸探讨: 基于湖北省村镇调研的城乡二元关系研究[J]. 城市规划, 2011, 35 (11): 65-72.

[7] 陈晨. 我国城镇化发展中的人口流动研究: 特征分析与理论诠释[D]. 上海: 同济大学, 2015.

[8] 陈东, 樊杰. 区际资本流动与区域发展差距: 对中国银行间信贷资本流动的分析[J]. 地理学报, 2011, 66 (6): 723-731.

[9] 陈浩, 张京祥, 周晓路. 发展模式、供求机制与中国城市化的转轨[J]. 城市与区域规划研究, 2012, 5 (2): 80-97.

[10] 陈虹, 朱鹏坤. 资本回报率对我国区域经济非均衡发展的影响[J]. 经济科学, 2015 (6): 11-22.

[11] 陈吉元, 胡必亮. 中国的三元经济结构与农业剩余劳动力转移[J]. 经济研究, 1994 (4): 14-22.

[12] 陈俊梁, 史欢欢, 林影, 等. 城镇化对经济增长影响的路径分析: 基于长三角城市群的研究[J]. 经济问题, 2022 (4): 49-57.

[13] 陈明星, 黄莘绒, 黄耿志, 等. 新型城镇化与非正规就业: 规模、格局及社会融合[J]. 地理科学进展, 2021, 40 (1): 50-60.

[14] 陈明星, 叶超, 陆大道, 等. 中国特色新型城镇化理论内涵的认知与建构[J]. 地理学报, 2019, 74 (4): 633-647.

[15] 陈硕, 高琳. 央地关系: 财政分权度量及作用机制再评估[J]. 管理世界, 2012 (6): 43-59.

[16] 陈旭, 赵民. 经济增长、城镇化的机制及 "新常态" 下的转型策略: 理论解析与实证推论[J]. 城市规划, 2016, 40 (1): 9-18+24.

[17] 程莉, 滕祥河. 人口城镇化质量、消费扩大升级与中国经济增长[J]. 财经论丛, 2016 (7): 11-18.

[18] 程遥. 东北地区核心—边缘空间演化及驱动机制研究：经济增长和产业组织的视角[D]. 上海：同济大学，2015.

[19] 迟福林. 积极推进人口城镇化[N]. 人民日报，2013-07-17（7）.

[20] 崔功豪，马润潮. 中国自下而上城市化的发展及其机制[J]. 地理学报，1999，54（2）：106-115.

[21] 单卓然，黄亚平. "新型城镇化"概念内涵、目标内容、规划策略及认知误区解析[J]. 城市规划学刊，2013（2）：16-22.

[22] 邓良，王亚新. 金融危机后我国劳动密集型与资本密集型产业协调发展的经济学研究[J]. 经济体制改革，2010（1）：45-49.

[23] 杜亮亮. 1952—1964年苏联援助建设兰州工程研究[D]. 兰州：西北师范大学，2014.

[24] 杜书云，牛文涛. 中国"半城镇化"困局的成因及破解机制：基于1981至2012年城镇化数据的实证研究[J]. 吉林大学社会科学学报，2015，55（3）：75-83+173.

[25] 杜玉华. 社会转型的结构性特征及其在当代中国的表现[J]. 华东师范大学学报（哲学社会科学版），2012，44（5）：65-71+154.

[26] 段巍，王明，吴福象. 中国式城镇化的福利效应评价（2000—2017）：基于量化空间模型的结构估计[J]. 经济研究，2020，55（5）：166-182.

[27] 樊杰，郭锐. 新型城镇化前置条件与驱动机制的重新认知[J]. 地理研究，2019，38（1）：3-12.

[28] 范凌云. 社会空间视角下苏南乡村城镇化历程与特征分析：苏州市为例[J]. 城市规划学刊，2015（4）：27-35.

[29] 范子英. 央地关系与区域经济格局：财政转移支付的视角[D]. 上海：复旦大学，2010.

[30] 方创琳. 中国新型城镇化高质量发展的规律性与重点方向[J]. 地理研究，2019，38（1）：13-22.

[31] 冯艳，叶建伟，黄亚平. 权力关系变迁中武汉都市区簇群式空间的形成机理[J]. 城市规划，2013，37（1）：24-30.

[32] 甘行琼，刘大帅，胡朋飞. 流动人口公共服务供给中的地方政府财政激励实证研究[J]. 财贸经济，2015（10）：87-101.

[33] 古恒宇，孟鑫，沈体雁，等. 中国城市流动人口居留意愿影响因素的空间分异特征[J]. 地理学报，2020，75（2）：240-254.

[34] 古恒宇，覃小玲，沈体雁. 中国城市流动人口回流意愿的空间分异及影响因素[J]. 地理研究，2019，38（8）：1877-1890.

[35] 郭金龙，王宏伟. 中国区域间资本流动与区域经济差距研究[J]. 管理世界，2003（7）：45-58.

[36] 郭熙保，朱兰. "中等收入陷阱"存在吗？基于统一增长理论与转移概率矩阵的考察[J]. 经济学动态，2016（10）：139-154.

[37] 郭玉清. 资本积累、技术变迁与总量生产函数：基于中国1980—2005年经验数据的分析[J]. 南开经济研究，2006（3）：79-89.

[38] 国家人口和计划生育管委会流动人口服务管理司. 中国流动人口发展报告2012[M]. 北京：中国人口出版社，2012.

[39] 国家人口和计划生育管委会流动人口服务管理司. 中国流动人口发展报告2016[M]. 北

京：中国人口出版社，2016.

[40] 郝晋伟，赵民．"中等收入陷阱"之"惑"与城镇化战略新思维[J]．城市规划学刊，2013（5）：
6-13.

[41] 郝晋伟．"陷阱"或抑"透支"：中国城镇化发展的现实情境辨释[J]．城市规划，2014，38
（2）：54-61.

[42] 郝晋伟．城镇化中的"潮汐演替"与"重心下沉"及政策转型：权力—资本—劳动禀赋结构
变迁的视角[J]．城市规划，2015，39（11）：68-77.

[43] 何鹤鸣，张京祥．转型环境与政府主导的城镇化转型[J]．城市规划学刊，2011（6）：36-43.

[44] 胡鞍钢．城市化是今后中国经济发展的主要推动力[J]．中国人口科学，2003（6）：1-8.

[45] 胡燕燕，曹卫东．近三十年来我国城镇化协调性演化研究[J]．城市规划，2016，40（2）：
9-17.

[46] 华生．城市化转型与土地陷阱[M]．北京：人民东方出版社，2013.

[47] 江时学．"中等收入陷阱"：被扩容的概念[J]．国际问题研究，2013（2）：122-131.

[48] 江时学．真的有"中等收入陷阱"吗？[J]．世界知识，2011（7）：54-55.

[49] 康就升．农业劳动力转移与农村人口城镇化[J]．人口学刊，1985（3）：45-48.

[50] 李浩．城镇化率首次超过50%的国际现象观察：兼论中国城镇化发展现状及思考[J]．城市规
划学刊，2013（1）：43-50.

[51] 李郇，洪国志．户籍制度、资本积累与城市经济增长[J]．城市与区域规划研究，2013，6
（2）：63-81.

[52] 李郇．中国城市化的福利转向：迈向生产与福利的平衡[J]．城市与区域规划研究，2012，5
（2）：24-49.

[53] 李金昌，程开明．中国城市化与经济增长的动态计量分析[J]．财经研究，2006，32（9）：
19-30.

[54] 李柯夫，黄良辉．城镇化是经济发展的结果，不能倒果为因[N]．潇湘晨报，2013-06-20
（A24）.

[55] 李克强．论我国经济的三元结构[J]．中国社会科学，1991（3）：65-82.

[56] 李晓江，尹强，张娟，等．《中国城镇化道路、模式与政策》研究报告综述[J]．城市规划学
刊，2014（2）：1-14.

[57] 李晓江，郑德高．人口城镇化特征与国家城镇体系构建[J]．城市规划学刊，2017（1）：
19-29.

[58] 李兴文，杨修博，梁向东．财政纵向失衡、收支偏好与地方政府公共服务供给[J]．财经研
究，2021（12）：5-14.

[59] 李志刚，陈宏胜．城镇化的社会效应及城镇化中后期的规划应对[J]．城市规划，2019，43
（9）：31-36.

[60] 梁晶，罗小龙，殷洁．空间生产中的权力与资本：以南京高新区转型为例[J]．现代城市研
究，2014（5）：84-89.

[61] 林毅夫，刘培林．经济发展战略对劳均资本积累和技术进步的影响：基于中国经验的实证
研究[J]．中国社会科学，2003（4）：18-32+204.

[62] 林毅夫．新结构经济学：反思经济发展与政策的理论框架[M]．北京：北京大学出版社，
2012.

[63] 刘传江. 中国城市化发展：一个新制度经济学的分析框架[J]. 市场与人口分析，2002，（3）：56-66.

[64] 刘金全，于惠春. 我国固定资产投资和经济增长之间影响关系的实证分析[J]. 统计研究，2002（1）：26-29.

[65] 刘涛，齐元静，曹广忠. 中国流动人口空间格局演变机制及城镇化效应：基于2000和2010年人口普查分县数据的分析[J]. 地理学报，2015，70（4）：567-581.

[66] 刘玉海，杨曙霞. 城镇化不是一个目标，而是一个结果：专访清华大学建筑学院教授、清华同衡规划设计院院长尹稚[N]. 21世纪经济报道，2013-06-24（14）.

[67] 刘悦美，田明，杨颜嘉. 就地城镇化的推动模式及其特征研究：以河北省四个村庄为例[J]. 城市发展研究，2021，28（6）：10-16.

[68] 卢科. 集约式城镇化：开创有中国特色的新型城镇化模式[J]. 小城镇建设，2005（12）：68-69.

[69] 陆大道，陈明星. 关于"国家新型城镇化规划（2014—2020）"编制大背景的几点认识[J]. 地理学报，2015，70（2）：179-185.

[70] 陆铭，陈钊. 城市化、城市倾向的经济政策与城乡收入差距[J]. 经济研究，2004，（6）：50-58.

[71] 陆铭，欧海军. 高增长与低就业：政府干预与就业弹性的经验研究[J]. 世界经济，2011（12）：3-31.

[72] 陆铭，张航，梁文泉. 偏向中西部的土地供应如何推升了东部的工资[J]. 中国社会科学，2015（5）：59-83+204-205.

[73] 罗奎，方创琳，马海涛. 基于生产函数视角的城镇化动力机制研究[J]. 地理科学，2017，37（3）：394-399.

[74] 罗丽英，卢欢. 公共产品投入对城镇化进程的影响[J]. 城市问题，2014（8）：14-20.

[75] 罗震东. 分权化与中国都市区的发展[D]. 上海：同济大学，2005.

[76] 吕冰洋. 中国资本积累的动态效率：1978—2005[J]. 经济学（季刊），2008，7（2）：509-532.

[77] 马晓河. 城镇化是我国经济增长的新动力[N]. 人民日报，2011-12-17（7）.

[78] 倪鹏飞. 新型城镇化的基本模式、具体路径与推进对策[J]. 江海学刊，2013（1）：87-94.

[79] 宁越敏. 新城市化进程：90年代中国城市化动力机制和特点探讨[J]. 地理学报，1998，53（5）：470-477.

[80] 钮心毅，刘思涵，朱艺. 地区间人员流动视角下的中国城镇化空间特征研究[J]. 城市规划学刊，2021（1）：82-89.

[81] 彭恺. 空间生产视角下的转型期中国新城问题研究新范式[J]. 城市发展研究，2015，22（10）：63-70.

[82] 戚伟，刘盛和，金浩然. 中国户籍人口城镇化率的核算方法与分布格局[J]. 地理研究，2017，36（4）：616-632.

[83] 单卓然，黄亚平. "新型城镇化"概念内涵、目标内容、规划策略及认知误区解析[J]. 城市规划学刊，2013（2）：16-22.

[84] 沈建法. 城市政治经济学与城市管治[J]. 城市规划，2000，24（11）：8-11+64.

[85] 沈可，章元. 中国的城市化为什么长期滞后于工业化？资本密集型投资倾向视角的解释[J].

金融研究, 2013（1）: 53-64.

[86] 沈坤荣, 蒋锐. 中国城市化对经济增长影响机制的实证研究[J]. 统计研究, 2007, 24（6）:
9-15.

[87] 沈清基. 论基于生态文明的新型城镇化[J]. 城市规划学刊, 2013（1）: 29-36.

[88] 沈山州. 中国投资体制的变迁及其对投资效率的影响: 政府的视角[D]. 上海: 复旦大学,
2003.

[89] 盛仕斌. 中国失业的结构性特征与治理对策[J]. 经济科学, 1998（4）: 5-10.

[90] 宋劲松. 珠江三角洲小城镇的结构调整与体制创新[J]. 城市规划, 2004（9）: 31-35.

[91] 孙斌栋, 金晓溪, 林杰. 走向大中小城市协调发展的中国新型城镇化格局: 1952年以来中国
城市规模分布演化与影响因素[J]. 地理研究, 2019, 38（1）: 75-84.

[92] 孙琳琳, 任若恩. 转轨时期我国行业层面资本积累的研究: 资本存量和资本流量的测算[J].
经济学（季刊）, 2014, 13（3）: 837-862.

[93] 孙浦阳, 武力超. 基于大推动模型分析外商直接投资对城市化进程的影响[J]. 经济学家,
2010（11）: 66-74.

[94] 田莉, 戈壁青, 李永浮. 1990年以来上海半城市化地区土地利用变化: 时空特征和影响因
素研究[J]. 城市规划, 2014, 38（6）: 17-23.

[95] 田莉, 戈壁青. 转型经济中的半城市化地区土地利用特征和形成机制研究[J]. 城市规划学
刊, 2011（3）: 66-73.

[96] 田莉. 工业化与土地资本化驱动下的土地利用变迁: 以2001—2010年江阴和顺德半城市化地
区土地利用变化为例[J]. 城市规划, 2014, 38（9）: 15-21.

[97] 汪同三, 蔡跃洲. 改革开放以来收入分配对资本积累及投资结构的影响[J]. 中国社会科
学, 2006（1）: 4-14+205.

[98] 王国刚. 城镇化: 中国经济发展方式转变的重心所在[J]. 经济研究, 2010, 45（12）: 70-
81+148.

[99] 王建康, 谷国锋, 姚丽, 等. 中国新型城镇化的空间格局演变及影响因素分析: 基于285个
地级市的面板数据[J]. 地理科学, 2016, 36（1）: 63-71.

[100] 王凯, 林辰辉, 吴乘月. 中国城镇化率60%后的趋势与规划选择[J]. 城市规划, 2020, 44
（12）: 9-17.

[101] 王世福, 邓沁雯, 刘铮. 城镇化中地方政府的"中间者"角色分析[J]. 规划师, 2018, 34
（11）: 88-95.

[102] 王伟, 吴志强. 基于制度分析的我国人口城镇化演变与城乡关系转型[J]. 城市规划学刊,
2007（4）: 39-46.

[103] 王小鲁, 樊纲. 中国地区差距的变动趋势和影响因素[J]. 经济研究, 2004（1）: 33-44.

[104] 王新贤, 高向东. 中国流动人口分布演变及其对城镇化的影响: 基于省际、省内流动的对
比分析[J]. 地理科学, 2019, 39（12）: 1866-1874.

[105] 王兴平. 城镇化进程中家庭离散化及其应对策略初探[J]. 城市规划, 2016, 40（12）: 42-
48+64.

[106] 王旭, 万艳华, 宋皓杰, 等. 新马克思主义视角下中国新型城镇化的本质特征剖析[J]. 规
划师, 2017, 33（2）: 110-116.

[107] 王宇昕, 余兴厚, 汪亚美. 转移支付对地方政府基本公共服务供给的激励机制研究[J]. 改

革与战略, 2021, 37 (12): 98-108.

[108] 王志华. 长江三角洲地区制造业同构若干问题研究[D]. 南京: 南京航空航天大学, 2006.

[109] 韦亚平. 人口转变与健康城市化: 中国城市空间发展模式的重大选择[J]. 城市规划, 2006, 30 (1): 20-27+79.

[110] 温涛, 王汉杰, 韩佳丽. 城镇化有效驱动了居民消费吗? 兼论人口城镇化与空间城镇化效应 [J]. 中国行政管理, 2017, (10): 92-99.

[111] 吴俊培, 艾莹莹, 张帆. 政府投资、民间投资对城镇化发展差异性影响效应分析[J]. 经济问题探索, 2016 (3): 76-85.

[112] 吴一凡, 刘彦随, 李裕瑞. 中国人口与土地城镇化时空耦合特征及驱动机制[J]. 地理学报, 2018, 73 (10): 1865-1879.

[113] 吴志强, 杨秀, 刘伟. 智力城镇化还是体力城镇化: 对中国城镇化的战略思考[J]. 城市规划学刊, 2015 (1): 15-23.

[114] 武前波, 惠聪聪. 新时期我国中心城市人口城镇化特征及其空间格局[J]. 世界地理研究, 2020, 29 (3): 523-535.

[115] 武廷海. 建立新型城乡关系, 走新型城镇化道路: 新马克思主义视野中的中国城镇化[J]. 城市规划, 2013, 37 (11): 9-19.

[116] 夏南凯, 程上. 城镇化质量的指数型评价体系研究: 基于浙江省的实证[J]. 城市规划学刊, 2014 (1): 39-45.

[117] 项怀诚. 中国财政体制改革六十年[J]. 中国财政, 2009 (19): 18-23.

[118] 肖燕飞. 基于空间理论的我国区域资本流动及其对区域经济发展的影响研究[D]. 长沙: 湖南大学, 2012.

[119] 熊柴, 高宏. 人口城镇化与空间城镇化的不协调问题: 基于财政分权的视角[J]. 财经科学, 2012 (11): 102-108.

[120] 熊敏. 资本全球化的逻辑与历史: 罗莎·卢森堡资本积累理论研究[M]. 北京: 人民出版社, 2011.

[121] 徐建国, 张勋. 中国政府债务的状况、投向和风险分析[J]. 南方经济, 2013 (1): 14-34.

[122] 徐建华. 一条新型城镇化之路: 南山经验解读[J]. 小城镇建设, 2003 (10): 24-26.

[123] 徐雷, 郑理. 资本密集型投资偏好、城镇化发展与城乡收入差距[J]. 经济与管理研究, 2016, 37 (1): 13-21.

[124] 徐维祥, 汪彩君, 唐根年. 中国制造业资本积累动态效率变迁及其与空间集聚关系研究[J]. 中国工业经济, 2011 (3): 78-87.

[125] 许小年. 许小年: 城镇化不是经济政策[J]. 中国房地产业, 2013 (7): 27-29+26.

[126] 薛德升, 曾献君. 中国人口城镇化质量评价及省际差异分析[J]. 地理学报, 2016, 71 (2): 194-204.

[127] 严浩坤. 中国跨区域资本流动: 理论分析与实证研究[D]. 杭州: 浙江大学, 2008.

[128] 严士清. 新中国户籍制度演变历程与改革路径研究[D]. 上海: 华东师范大学, 2012.

[129] 杨飞虎, 王爱爱. 新型城镇化建设中公共投资对私人投资的经济效应: 基于新型城镇化中介作用的再检验[J]. 经济问题探索, 2021 (4): 92-102.

[130] 杨先明, 秦开强. 资本积累对中国经济增长的重要性改变了吗? [J]. 经济与管理研究, 2015, 36 (10): 3-9.

[131] 杨永春，伍俊辉，杨晓娟，等. 1949年以来兰州城市资本密度空间变化及其机制[J]. 地理学报，2009，64（2）：189-201.

[132] 杨宇振. 新型城镇化中的空间生产：空间间性、个体实践与资本积累[J]. 建筑师，2014（4）：39-47.

[133] 姚凯，杨颖，陈烨. 基于规模等级的分层城镇化省际差异研究[J]. 城市规划学刊，2019（S1）：15-21.

[134] 叶明确，方莹. 中国资本存量的度量、空间演化及贡献度分析[J]. 数量经济技术经济研究，2012，29（11）：68-84.

[135] 易行健，周莉，张浩. 城镇化为何没有推动居民消费倾向的提升？基于半城镇化率视角的解释[J]. 经济学动态，2020（8）：119-130.

[136] 尹宏玲，徐腾. 我国城市人口城镇化与土地城镇化失调特征及差异研究[J]. 城市规划学刊，2013（2）：10-15.

[137] 于斌斌. 城市级别和市场分割对城镇化效率影响评价：以中国 285 个地级及以上城市为例[J]. 地理科学，2022，42（3）：476-486.

[138] 曾国军，徐雨晨，王龙杰，等. 从在地化、去地化到再地化：中国城镇化进程中的人地关系转型[J]. 地理科学进展，2021，40（1）：28-39.

[139] 张京祥，陈浩. 中国的"压缩"城市化环境与规划应对[J]. 城市规划学刊，2010（6）：10-21.

[140] 张立. 改革开放后我国社会的城市化转型——进程与趋势[D]. 上海：同济大学，2010.

[141] 张立. 论我国人口结构转变与城市化第二次转型[J]. 城市规划，2009，33（10）：35-44.

[142] 张苡黎，赵果庆，吴雪萍. 中国城镇化的经济增长与收敛双重效应：基于2000与2010年中国1968个县份空间数据检验[J]. 中国软科学，2019（1）：98-116.

[143] 张慕濒. 中国地区资本回报率的变动及其影响因素分析[J]. 当代财经，2016（4）：3-11.

[144] 张世勇. 新生代农民工逆城市化流动：转变的发生[J]. 南京农业大学学报（社会科学版），2014，14（1）：9-19.

[145] 张蔚文，麻玉琦，李学文，等. 现代化视野下的中国新型城镇化[J]. 城市发展研究，2021，28（7）：8-13+26.

[146] 张秀利，祝志勇. 城镇化对政府投资与民间投资的差异性影响[J]. 中国人口·资源与环境，2014，24（2）：54-59.

[147] 张勋，徐建国. 中国资本回报率的驱动因素[J]. 经济学（季刊），2016，15（3）：1081-1112.

[148] 张延吉，张磊. 城镇非正规就业与城市人口增长的自组织规律[J]. 城市规划，2016，40（10）：9-16.

[149] 张颖，赵民. 论城市化与经济发展的相关性：对钱纳里研究成果的辨析与延伸[J]. 城市规划汇刊，2003（4）：10-18+95.

[150] 赵峰，张建堡. 技术进步、资本积累与经济增长：一个马克思主义随机演化的视角[J]. 当代经济研究，2021（12）：25-35.

[151] 赵红军. 交易效率、城市化与经济发展：一个城市化经济学分析框架及其在中国的应用[D]. 上海：复旦大学，2005.

[152] 赵民，陈晨. 我国城镇化的现实情景、理论诠释及政策思考[J]. 城市规划，2013a，37（12）：9-21.

[153] 赵民，陈晨，郁海文."人口流动"视角的城镇化及政策议题[J]. 城市规划学刊，2013b
　　　（2）：1-9.

[154] 赵爽，江心英，胡峰. 外商直接投资推动中国城镇化了吗？基于时空变化分析和门槛效应
　　　检验[J]. 管理学刊，2020，33（3）：38-47.

[155] 赵岩，赵留彦. 投资—储蓄相关性与资本的地区间流动能力检验[J]. 经济科学，2005（5）：
　　　25-36.

[156] 郑德高，闫岩，朱郁郁. 分层城镇化和分区城镇化：模式、动力与发展策略[J]. 城市规划
　　　学刊，2013（6）：26-32.

[157] 中国金融40人论坛课题组. 加快推进新型城镇化：对若干重大体制改革问题的认识与政策
　　　建议[J]. 中国社会科学，2013（7）：59-76+205-206.

[158] 中国经济增长前沿课题组. 城市化、财政扩张与经济增长[J]. 经济研究，2011，46（11）：
　　　4-20.

[159] 中国经济增长前沿课题组. 中国经济转型的结构性特征、风险与效率提升路径[J]. 经济研
　　　究，2013，48（10）：4-17+28.

[160] 中国经济增长与宏观稳定课题组. 城市化、产业效率与经济增长[J]. 经济研究，2009，44
　　　（10）：4-21.

[161] 周飞舟. 财政资金的专项化及其问题 兼论"项目治国"[J]. 社会，2012，32（1）：1-37.

[162] 周文，李思思."中等收入陷阱"还是"新自由主义陷阱"？[J]. 理论月刊，2021（5）：
　　　48-58.

[163] 周一星. 城市化与国民生产总值关系的规律性探讨[J]. 人口与经济，1982（1）：28-33.

[164] 周勇. 论资本密集型产业发展的劳动密集型产业基础[J]. 经济问题探索，2007（11）：27-31.

[165] 周振华. 增长轴心转移：中国进入城市化推动型经济增长阶段[J]. 经济研究，1995（1）：
　　　3-10.

[166] 朱纪广，许家伟，李小建，等. 中国土地城镇化和人口城镇化对经济增长影响效应分析[J].
　　　地理科学，2020，40（10）：1654-1662.

[167] 朱金，赵民. 从结构性失衡到均衡：我国城镇化发展的现实状况与未来趋势[J]. 上海城市
　　　规划，2014（1）：47-55.

[168] 朱金. 特大城市郊区"半城镇化"的悖论解释及应对策略：对上海市郊的初步研究[J]. 城
　　　市规划学刊，2014（6）：13-21.

[169] 朱金生. FDI与区域就业转移：一个新的分析框架[J]. 国际贸易问题，2005（6）：114-119.

[170] 朱旭峰，吴冠生. 中国特色的央地关系：演变与特点[J]. 治理研究，2018，34（2）：50-57.

[171] 朱宇，林李月. 流动人口的流迁模式与社会保护：从"城市融入"到"社会融入"[J]. 地理
　　　科学，2011，31（3）：264-271.

[172] 邹兵. 渐进式改革与中国的城市化[J]. 城市规划，2001（6）：34-38.

[173] 哈维. 后现代的状况：对文化变迁之缘起的探究[M]. 闫嘉，译. 北京：商务印书馆，2013.

[174] 哈维. 新自由主义化的空间[M]. 王志弘，译. 台北：群学出版有限公司，2008.

[175] 哈维. 资本的空间：批判地理学刍论[M]. 王志弘，王玥民，译. 台北：群学出版有限公司，
　　　2010.

[176] 哈维. 资本社会的17个矛盾[M]. 李隆生，张逸安，许瑞宋，译. 台北：联经出版有限公司，
　　　2014.

[177] 杨小凯. 发展经济学：超边际与边际分析[M]. 张定胜，张永生，译. 北京：社会科学文献出版社，2003.

[178] ADES A F, GLASSER E L. Trade and circuses: Explaining urban giants[J]. The Quarterly Journal of Economics, 1995, 110（1）: 195-227.

[179] AU C C, HENDERSON J V. Are Chinese cities too small?[J]. The Review of Economic Studies, 2006, 73（3）: 549-576.

[180] BAI C E, HSIEH C T, QIAN Y Y. The return to capital in China[J]. Brookings Papers on Economic Activity, 2006.

[181] BASSETTO M, MCGRANAHAN L. Mobility, population growth, and public capital spending in the United States[J]. Review of Economic Dynamics, 2021, 41: 255-277.

[182] BLANCHARD O, SHLEIFER A. Federalism with and without political centralisation: China versus Russia[J]. IMF Staff Papers, 2001, 48（1）: 171-179.

[183] BLANCHARD O, SHLEIFER A. Federalism with and without political centralisation: China versus Russia[J]. IMF Staff Papers, 2001, 48（1）: 171-179.

[184] CHAN K W. A China paradox: Migrant labor shortage amidst rural labor supply abundance[J]. Eurasian Geography and Economics, 2010, 51（4）: 513-530.

[185] CHAN K W. Migration and development in China: Trends, geography and current issues[J]. Migration and Development, 2012, 1（2）: 187-205.

[186] CHANG G H, BRADA J C. The paradox of China's growing under-urbanization[J]. Economic Systems, 2006, 30（1）: 24-40.

[187] CHEN M X, GONG Y H, LU D D, et al. Build a people-oriented urbanization: China's new-type urbanization dream and Anhui model[J]. Land Use Policy, 2019, 80: 1-9.

[188] CHEN M X, LIU W D, LU D D, et al. Progress of China's new-type urbanization construction since 2014: A preliminary assessment[J]. Cities, 2018, 78: 180-193.

[189] CHEN M X, LIU W D, Lu D D. Challenges and the way forward in China's new-type urbanization[J]. Land use policy, 2016, 55: 334-339.

[190] CHEN Y S, ZHANG Y. The inequality effect of urbanization and social integration[J]. Social Sciences in China, 2016, 37（4）: 117-135.

[191] DENG L C, WANG B Q. Regional capital flow and economic regimes: Evidence from China[J]. Economic Letters, 2016, 141: 80-83.

[192] FAN C C, LI T J. Familization of rural-urban migration in China: Evidence from the 2011 and 2015 national floating population surveys[J]. Area Development and Policy, 2019, 4（2）: 134-156.

[193] FELDSTEIN M, HORIKKA C. Domestic savings and international capital flows[R]. National Bureau of Economic Research, 1979.

[194] GE S Q, YANG D T. Labor market developments in China: A neoclassical view[J]. China Economic Review, 2011, 22（4）: 611-625.

[195] GUAN X L, WEI H K, LU S S, et al. Assessment on the urbanization strategy in China: achievements, challenges and reflections[J]. Habitat International, 2018, 71: 97-109.

[196] HAMNETT C. Is Chinese urbanisation unique? [J]. Urban Studies, 2020, 57（3）: 690-700.

[197] HARRIS J R, TODARO M P. Migration, unemployment and development: A two-sector analysis[J]. The American Economic Review, 1970, 60（1）: 126-142.

[198] HARVEY D. The Urbanization of Capital[M]. Oxford: Blackwell, 1985.

[199] HE C F, ZHOU Y, HUANG Z J. Fiscal decentralization, political centralization, and land urbanization in China[J]. Urban Geography, 2016, 37（3）: 436-457.

[200] HELLIWELL J F, MCKITRICK R. Comparing capital mobility across provincial and national borders[J]. Canadian Journal of Economics, 1999, 32（5）: 1164-1173.

[201] HENDERSON J V, WANG H U. Urbanization and city growth: The role of institutions[J]. Regional Sciences and Urban Economics, 2007, 37（3）: 283-313.

[202] HENDERSON V. The urbanization process and economic growth: The so-what question[J]. Journal of Economic Growth, 2003, 8（1）: 47-71.

[203] HOHENBERG P M, LEES L H. The making of urban Europe, 1000-1994: With a new preface and a new chapter[M]. Cambridge: Harvard University Press, 1995.

[204] HONG T, YU N N, MAO Z G, et al. Government-driven urbanisation and its impact on regional economic growth in China[J]. Cities, 2021, 117: 1-9.

[205] JEDWAB R, VOLLRATH, D. Urbanization without growth in historical perspective[J]. Explorations in Economic History, 2015, 58: 1-21.

[206] JONAS A E G. China's urban development in context: Variegated geographies of city-regionalism and managing the territorial politics of urban development[J]. Urban Studies, 2020, 57（3）: 701-708.

[207] JORGENSON D W. Surplus agricultural labor and the development of a dual economy[J]. Oxford Economic Papers, 1967, 19（3）: 288-312.

[208] KNIGHT J, DENG Q H, LI S. The puzzle of migrant labour shortage and rural labour surplus in China[J]. China Economic Review, 2011, 22（4）: 585-600.

[209] LEFEBVRE H. The production of space[M]. Translated by Nicholson-Smith D. Oxford: Blackwell Ltd, 1991.

[210] LEWIS W A. Economic development with unlimited supplies of labor[J]. The Manchester School of Economic and Social Studies, 1954, 22（2）: 139-191.

[211] LI B Q, CHEN C L, HU B L. Governing urbanization and the new urbanization plan in China[J]. Environment and Urbanization, 2016, 28（2）: 515-534.

[212] LI Y, WU F L. The transformation of regional governance in China: The rescaling of statehood[J]. Progress in Planning, 2012, 78（2）: 55-99.

[213] LIN L Y, ZHU Y. Types and determinants of migrants' settlement intention in China's new phase of urbanization: A multi-dimensional perspective[J]. Cities, 2022, 124.

[214] NGUYEN H M, NGUYEN L D. The relationship between urbanization and economic growth: An empirical study on ASEAN countries[J]. International Journal of Social Economics, 2018, 45（2）: 316-339.

[215] QIAN X H, WANG Y, ZHANG G L. The spatial correlation network of capital flows in China: Evidence from China's High-Value Payment System[J]. China Economic Review, 2018, 50: 175-186.

[216] QIAN Y Y, ROLAND G. Federalism and the soft budget constraint[J]. American Economic Review, 1998, 88（5）: 1143-1162.

[217] QIANG H L, HU L L. Population and capital flows in metropolitan Beijing, China: Empirical evidance from the past 30 years[J]. Cities, 2022, 120: 103464.

[218] RANIS G, FEI J C H. A theory of economic development[J]. The American Economic Review, 1961, 51（4）: 533-565.

[219] RAVENSTEIN E G. The Laws of Migration[J]. Journal of the Statistical Society of London, 1885, 48（2）: 167-235.

[220] RIEZMAN R, WANG P, BOND E. Trade, urbanization and capital accumulation in a labor surplus economy[C]//2012 Meeting Papers. Society for Economic Dynamics, 2012（776）.

[221] SHA K X, SONG T, QI X, et al. Rethinking China's urbanization: An institutional innovation perspective[J]. Building Research & Information, 2006, 34（6）: 573-583.

[222] SHANG J, LI P F, LI L, et al. The relationship between population growth and capital allocation in urbanization[J]. Technological Forecasting & Social Change, 2018, 135: 249-256.

[223] STARK O, TAYLOR J E. Migration incentives, migration types: The role of relative deprivation[J]. The Economic Journal, 1991, 101（408）: 1163-1178.

[224] TAN Y, ZHU Y. China's changing internal migration: Toward a China variant of Zelinsky's transition thesis[J]. Geoforum, 2021, 126: 101-104.

[225] TANG P, FENG Y, LI M, et al. Can the performance evaluation change from central government suppress illegal land use in local governmant? A new interpretation of Chinese decentralisation[J]. Land Use Policy, 2021, 108.

[226] TAO R, YANG K Z, LIU M X. State capacity, local fiscal autonomy, and urban-rural income disparity in China[J]. China Information, 2009, 23（3）: 355-381.

[227] TIAN L, GE B Q, LI Y F. Impacts of state-led and bottom-up urbanization on land use change in the peri-urban areas of Shanghai: Planned growth or uncontrolled sprawl?[J]. Cities, 2017, 60: 476-486.

[228] United Nations. World urbanization prospects: The 2014 revison[R], 2014.

[229] United Nations. World urbanization prospects: The 2018 revison[R], 2018.

[230] WAN G H, ZHU D Q, WANG C, et al. The size distribution of cities in China: Evolution of urban system and deviations from Zipf's law[J]. Ecological Indicators, 2020, 111.

[231] WU F L. Planning centrality, market instruments: Governing Chinese urban transformation under state entrepreneurialism[J]. Urban Studies, 2018, 55（7）: 1383-1399.

[232] WU Y, CHEN C L. The impact of foreign direct investment on urbanization in China[J]. Journal of Asia Pacific Economy, 2016, 21（3）: 339-356.

[233] XU Z H, LIU Y G, LIU K Z. Return migration in China: a case study of Zhumadian in Henan province[J]. Eurasian Geography and Economics, 2017, 58（1）: 114-140.

[234] ZHANG K H, SONG S. Rural-urban migration and urbanization in China: Evidence from time-series and cross-section analyses[J]. China Economic Review, 2003, 14（4）: 386-400.

[235] ZHAN G L, ZHAO S X B. Reinterpretation of China's under-urbanization: A systemic perspective[J]. Habitat International, 2003, 27（3）: 459-483.

[236] ZHANG L. Conceptualizing China's urbanization under reforms[J]. Habitat International, 2008, 32（4）: 452-470.

[237] ZHOU Y, LIN G C, ZHANG J. Urban China through the lens of neoliberalism: Is a conceptual twist enough?[J]. Urban Studies, 2019, 56（1）: 33-43.

[238] ZHU Y, WANG W W, LIN L Y, et al. Return migration and in situ urbnization of migrant sending areas: Insights from a survey of seven provinces in China[J]. Cities, 2021, 115.

[239] ZHU Y. China's floating population and their settlement intention in the cities: Beyond the Hukou reform[J]. Habitat International, 2007, 31（1）: 65-76.

[240] ZOU Y H. Capital switching, spatial fix, and the paradigm shifts of China's urbanization[J/OL]. Urban Geography, 2021. http://www.tandfonline.com/doi/full/10.1080/02723638.2021.1956111.